重庆出版集团 重庆出版社

图书在版编目（CIP）数据

你最想知道的宇宙之谜 / 崔钟雷主编. — 重庆：

重庆出版社，2016.6（2019.3 重印）

ISBN 978-7-229-11151-9

Ⅰ. ①你… Ⅱ. ①崔… Ⅲ. ①宇宙－青少年读物

Ⅳ. ①P159-49

中国版本图书馆CIP数据核字(2016)第 095363 号

你最想知道的宇宙之谜

NIZUIXIANGZHIDAODEYUZHOUZHIMI

崔钟雷　主编

责任编辑：郭玉洁　李云伟

责任校对：李小君

副 主 编：王丽萍　姜丽婷　毛慧敏

封面设计：稻草人工作室

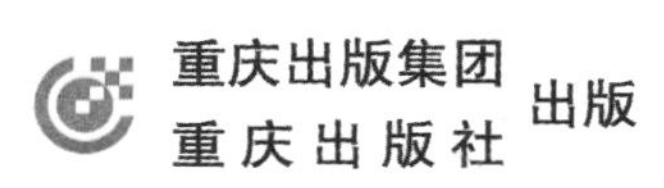

重庆市南岸区南滨路 162 号 1 幢　邮政编码：400061　http://www.cqph.com

重庆豪森印务有限公司印刷

重庆出版集团图书发行有限公司发行

E-MALL：fxchu@cqph.com　邮购电话：023-61520646

全国新华书店经销

开本：787mm × 1092mm　1/16　印张：12　字数：240 千

2016 年 6 月第 1 版　2019 年 3 月第 4 次印刷

ISBN 978-7-229-11151-9

定价：23.80 元

如有印装质量问题，请向本集团图书发行有限公司调换：023-61520678

前言
QIANYAN

宇宙浩瀚无际，这片神秘的苍穹之下是否存在异样的生命形态？外星人频繁现身，它们是否真的想把地球作为繁衍基地？荷兰帕尔斯奇湖上诡异的火炬岛到底存在怎样的神秘力量，使登岛人纷纷自燃？每年8月聚集在希腊教堂前的毒蛇群又与神秘宗教力量有着怎样的联系……这些古老的未解之谜令人惊叹和神往，也等待着人们一一揭开。

有鉴于此，我们精心打造了一场神奇惊险的神秘冒险之旅——《挑战未知·探秘传奇》。它将与你一同挑战未知的远古传奇和神秘未来，零距离探秘这些匪夷所思的世界谜题。在这场冒险中，你可以穿梭太空，探求宇宙星际间的无限奥秘；可以深潜海底，感受神秘深海之下的变幻莫测；可以行于自然，领略森林物种们的神奇瞬间；可以走进古墓，找回沉寂千年的悲壮记忆。

本套丛书的选材和编排以知识性和趣味性为出发点，逻辑分析严谨，内容新颖翔实，语言通俗易懂。同时，我们突破性地大量使用高清精美图片，搭配精巧活泼的文字解说，图片与文字相得益彰，形成一种独具新意的阅读体验模式，为读者更加真实地再现大千世界的惊险神秘，在视觉体验的同时开拓认知视野和想象空间，轻松获取新知。让我们带着对未知世界的好奇和向往，一起开始这场刺激的冒险之旅吧！

编　者

目录

广阔宇宙

地球家园

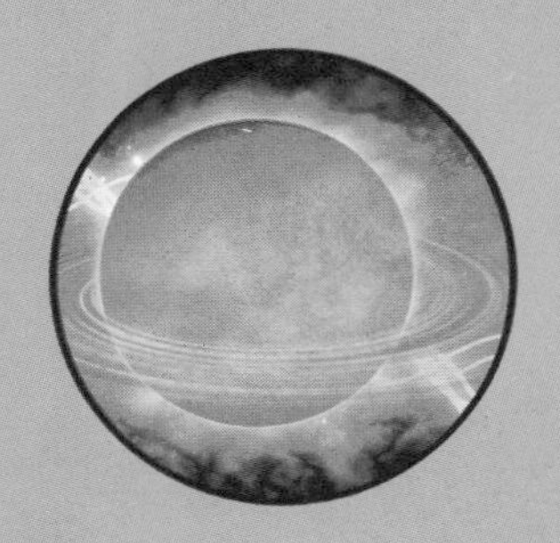

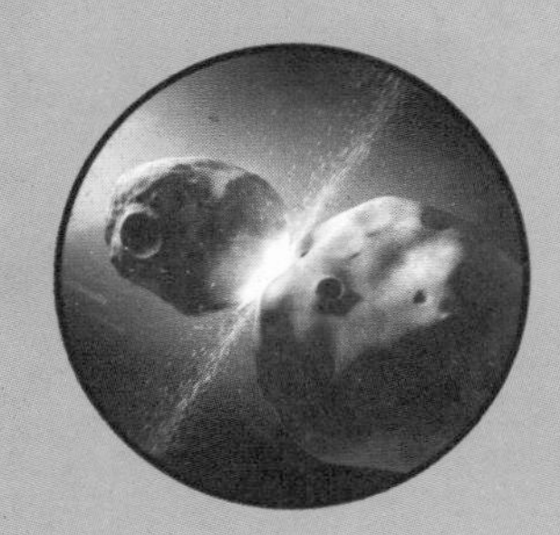

太阳探秘

月球寻踪

神秘星空

宇宙之谜

点亮智慧之灯，带你走出充满疑团的迷雾森林。翻开历史画卷，让你体验未知世界的点点滴滴。抽丝剥茧，助你寻找破解谜团的蛛丝马迹。

广阔宇宙

TIAO ZHAN WEI ZHI

地球对于人类来说是广阔无垠的，但是对于宇宙来说却只是沧海一粟。那么，如此广阔的宇宙究竟是怎样形成的呢？宇宙中又隐藏着怎样的秘密呢？这些疑问一直困扰着我们。人类探索宇宙的脚步从未停止，相信在不久的将来，我们一定能够揭开这些谜底，让广阔的宇宙全然袒露在我们眼前，不再神秘。

无边无际的宇宙空间吸引着人们去探索发现，未解的谜题也随着发掘出来的未知秘密而变得越来越多。

认识宇宙

远古的时候，人类就创造了“宇宙”这个词，但其含义与今天的大不一样。人类对“宇宙”的认识从自身居住的附近地区到地球，到行星，到太阳，再到太阳系……宇宙的空间正随着人们的认识而逐渐“变大”。那么宇宙到底是什么样的呢？

宇宙的大小

宇宙究竟有多大呢？我们可以这样形象地加以说明：先将太阳想象成一个南瓜，那么大约两千五百亿个南瓜构成了银河系，而无数这样的“南瓜堆”又分布在一个假想的“空心球”里，这个“空心球”就是宇宙的大小。而我们的地球在这个“空心球”里，不过像一颗小小的绿豆而已。相对于地球而言，宇宙的壮阔是人类无法想象的。

宇宙这个“空心球”，由数以亿计的星系组成，其中每一个星系、每颗恒星和行星，以及我们每一个人，都是这个空心球的组成单位。这个有限的宇宙是人类用哈勃望远镜看到的，它所观察到的最远星系距离我们有 200 亿光年（光年是天文学中的一种距离单位，即光在真空中一年内走过的路程为一光年。光速每秒约 30 万千米，一光年约等于 94 605 亿千米），这个距离以外的地方就全是未知数了。这就如同宇宙中的所有基本粒子是能够数清的一样，至少从理论上说，在一定的时间内我们能看见宇宙中的“最后一颗恒星”，但这并不意味着“最后一颗恒星”就是宇宙的

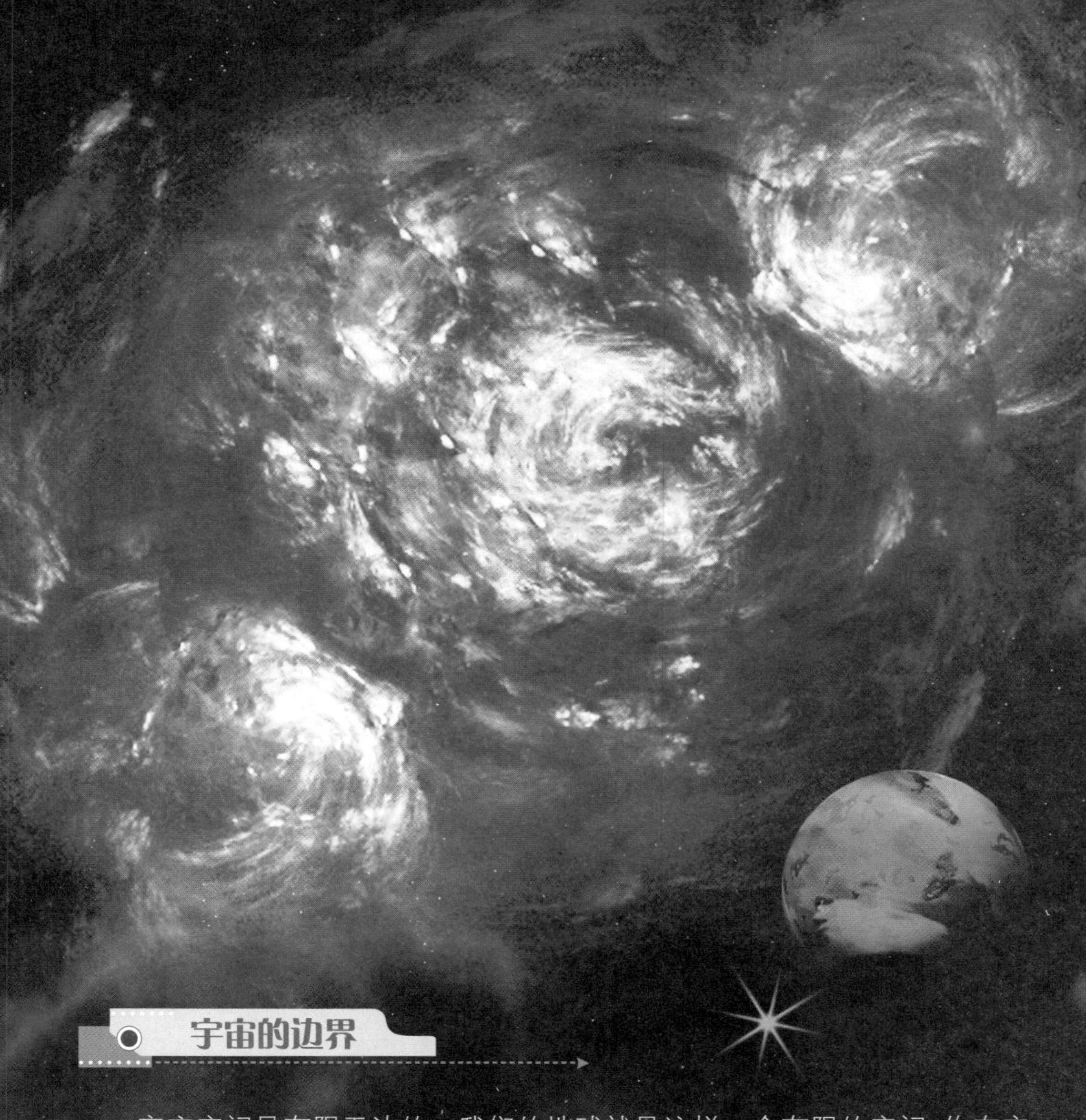

宇宙的边界

宇宙空间是有限无边的。我们的地球就是这样一个有限的空间，你在它的表面上无论朝哪个方向走，无论走多远，你都不可能找到它的“边界”。地球的体积是有限的，它的半径不过才六千多千米，所以如果你一直朝东或西走，最终你将回到出发点。爱因斯坦认为：在宇宙中无数巨大星系的重力作用下，整个宇宙空间会发生弯曲，最终卷成一个球体，光线沿这个球面空间的运动轨迹也是弯曲的，并且永远到达不了宇宙的边界。

宇宙是一个由多个"成员"组成的大家庭,不同的"成员"有不同的分工,但是它们之间也是相互作用的。

宇宙的体积

随着人们认识宇宙的不断深入,我们已经可以初步回答"宇宙有多大"这个问题了。人们从自身居住的区域认识到地球;又从地球认识到太阳系,眼界扩大了成百上千倍;又从太阳系认识到银河系,眼界扩大了1亿倍;从银河系认识到总星系,眼界扩大了1万亿倍。随着人们认识的不断深化,宇宙的体积也在不断扩大。几十年前,总星系的半径还只有10亿光年,现在却已达到200亿光年……爱因斯坦曾经"计算"出宇宙的半径为10亿光年,后来他又修订了"计算结果",认为宇宙的半径是35亿光年。事实证明,他所计算的宇宙大小的范围一次又一次地被突破了。

人类对宇宙的认识

在18世纪时,人们对宇宙大小的认知还只局限于太阳系。随着科学技术的发展,人们逐渐认识到:地球不是太阳系的中心,太阳才是太阳系的中心,而太阳也

宇宙的体积并非固定不变，而是在不断膨胀，就像一个被逐渐吹胀的气球一样。

只不过是天空中数以万计的恒星中的一颗。于是，人们心目中的“宇宙”，开始逐渐扩展到了银河系。18 世纪之后，人们才弄清了太阳也只不过是银河系中众多恒星中的一颗而已。

银河系的直径约 10 万光年，厚度约 1 万光年，太阳绕银河系中心旋转一周需 2 亿年。随着人们认识范围的逐渐扩大，人们心目中的“宇宙”已不再是银河系，人类已经认识到银河系以外还有许多“河外星系”存在。这些“河外星系”离我们很远，即使通过大型望远镜，也仅仅能看到一些模糊的光点。

十几个或几十个星系在一起组成“星系群”。我们的银河系就同它周围的 19 个星系组成了一个“星系群”，这个星系群的直径大约为 260 万光年。

比“星系群”更高一级的星系组织是“星系团”，它由成百上千个星系组成。“室女星座”里有一个星系团，包含 1 000 个以上的星系，离我们大约 2 000 万光年。“后发星座”里包含了 2 700 个星系，距离我们大约 2.4 亿光年。最后，数量众多的“星系团”又构成了总星系。

有限而无边的宇宙

爱因斯坦发表广义相对论后，考虑到万有引力比电磁力弱得多，继续探究下去也不可能在分子、原子、原子核等研究领域产生重要的影响，因而他把注意力放在了天体物理上。他认为，宇宙才是广义相对论的用武之地。

爱因斯坦在 1917 年就提出了一个建立在广义相对论基础上的宇宙模型，这是一个人们完全意想不到的模型。在这个模型中，宇宙的三维空间是有限无边的，而且不随时间变化。以往人们认为，有限就是有边，无限就是无边，是爱因斯坦把有限和有边这两个概念区分开来的。

宇宙的形成

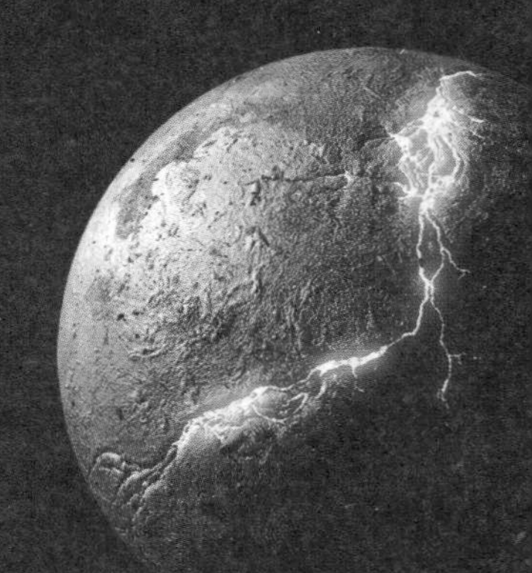

宇宙没有开端也没有终结，而且一直保持同样的状态，无论在什么地方，在什么时候，观测者看到的宇宙总是相同的。可是，宇宙究竟有没有起源？如果有，它来自哪里呢？

宇宙大爆炸说

早在 1927 年，比利时天文学家勒梅特就指出，宇宙在早期应该处于非常稠密的状态。1932 年，勒梅特进一步提出，宇宙起源于被称为“原始火球”的爆炸。

1948 年，美国科学家伽莫夫、阿尔弗、赫尔曼提出了“大爆炸宇宙论”这一理论。伽莫夫等人建立这一理论的最初目的是为了说明宇宙中元素的起源，因此他们将宇宙膨胀和元素形成相互联系起来，提出了元素的大爆炸形成理论。按照这一理论，宇宙大爆炸初期生成的氦为 30%，而由恒星内部核合成的氦总量仅为 3%—5%，其余的氦总量只能来自宇宙大爆炸的核合成，从而证实了大爆炸宇宙论的科学性。

该理论认为，宇宙膨胀是按“绝热”的方式进行的，宇宙是从热到冷逐渐演变的。在宇宙形成的早期，辐射强度和物质的密度都很高，光子经过很短的路程就会被物质吸收或散射，然后物质再发射出光子，辐射和物质频繁地相互作用。当宇宙温度下降到大约 2 726.85℃时，质子与电子便结合成氢原子，对辐射的连续吸收大大减少，物质跟辐射之间的相互作用已经微乎其微了，宇宙对辐射变有些科学家认为，宇宙的形状在大爆炸开始的刹那就是扁平形的。因此，倘若它在 10^{-50} 秒乃至 10^{-35} 秒都呈现扁平形，也是不足为奇的。

得透明，光子可以在空间自由地穿行。宇宙的热辐射源主要是可见光和红外线。时至今日，宇宙膨胀带来的红移，使温度为 2 726.85℃的宇宙辐射的最大强度移到微波波段，称为宇宙微波背景辐射。阿尔弗等人计算出与微波背景辐射相对应的温度为 –268.15℃左右。1965 年，美国科学家彭齐亚斯和威尔逊在 7.35 厘米的波长上接收到了来自各方向的宇宙的微波噪声，噪声的信号强度等效于温度为 –269.65℃的黑体辐射。微波背景辐射的发现，有力地支持了热爆炸宇宙模型。因此，大爆炸宇宙学得到了大多数科学家的认同。

宇宙无中生有说

关于宇宙的形成与发展还存在着另一种说法，那就是无中生有说。

面对宇宙膨胀的事实，怎样才能解释宇宙的状态是恒定不变的假设呢？邦迪等人认为，宇宙中不断产生新的物质，其产生率与因宇宙膨胀造成的空间扩张体积是一致的，因而使宇宙物质密度保持恒定，不随时间发生变化。这种模型叫作稳恒态宇宙模型。

新的物质是从哪里产生的呢？他们认为，新的物质并不是由能量转化而来的，而是从虚无中产生的，这就等于承认能量也是从虚无中产生的。按照稳恒态宇宙模型，每立方米的空间体积内，每 5 000 亿年产生一个氢原子。这个数值太小了，无法由观测验证。此外，它也违背了一些普遍适用的守恒定律，如物质守恒定律和能量守恒定律等。从观测角度看，类星体的空间分布表明过去的类星体比现在多得多，而稳恒态宇宙模型主张类星体的数目任何时候都一样，这和观测事实不符。此外，这个模型也难以解释宇宙微波背景辐射现象。

宇宙是
如何成长的

宇宙是何其的广阔，它的诞生之初又有谁能够了解呢？宇宙究竟是原本就这么大还是一点点慢慢成长的呢？宇宙又是如何成长起来的呢？所有的谜团都只有靠人们的不断努力才能破解。

宇宙的成长过程

在宇宙诞生之初的 10^{-43} 秒内，宇宙的直径仅有 10^{-33} 厘米，其中是丰富的十一维空间，所有的空间都是蜷缩在一起的。在这样的空间里，宇宙保持着极高的能量、极高的温度，宇宙中存在的四种力是融为一体的，相对论和量子理论完全可以归结为一个理论。但这样高维度、高能量、高温度的空间是十分不稳定的，就像过于膨胀的气球，于是发生了大爆炸，多维空间被解散、能量被发散、温度被降低。

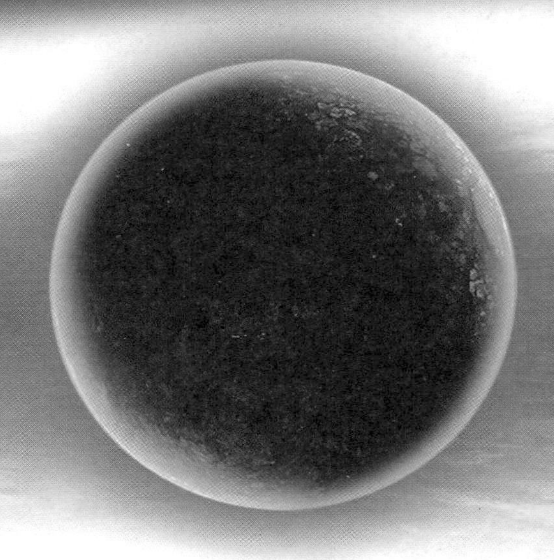

当时的宇宙处在 10^{32}℃这样极高的温度，这种温度比我们得到的太阳的温度高约 1.7×10^{28} 倍，因此导致引力从大统一的力中分离开来，引力随着宇宙的膨胀而不断延伸成长。随着宇宙进一步膨胀和冷却，另外三种力也开始破裂，强相互作用力和弱·电力相继被剥离开来。

人类生活在“三维”世界里，对于比我们多几维的宇宙，我们也是无法完全理解的，因此宇宙到底是如何形成和出现的，我们也无法解释清楚。

当宇宙产生 9^{-10} 秒后，它的温度降低到了 10^{15}℃，这时的弱－电力破缺为电磁力和弱相互作用力。在这样的温度下，宇宙中所有的四种力都已相互分离，宇宙变成了由自由夸克、轻子和光子组成的一锅“汤”。在接下来的过程中，随着宇宙进一步冷却，夸克组合成了质子和中子，并且最终形成原子核。在宇宙产生三分钟后，稳定的原子核开始逐渐形成。

当大爆炸发生 30 万年后，最早的原子出现了，同时宇宙的温度也降到 2 726.85℃，氢原子生长的条件也充足了，不至于因为碰撞而产生破裂。此时的宇宙终于变得透明起来，光也可以传播好几光年而不被吸收。在大爆炸发生 100 亿—200 亿年后的现在，宇宙惊人的不对称，破缺致使宇宙中的四种力彼此间产生了惊人的差异。原来的火球温度也已被冷却至 –270.15℃，这种温度已经十分接近绝对零度了。

因为光的传播需要时间，所以距离我们一亿光年的星系，实际上是那个星系一亿年前的样子。

这就是我们所在宇宙的成长史，伴随着宇宙的渐渐冷却，其中的力逐渐解除相互的纠缠分离出来。引力最先挣脱出来，然后强相互作用力，接着弱相互作用力，最后只有电磁力保持下来，没有破缺。

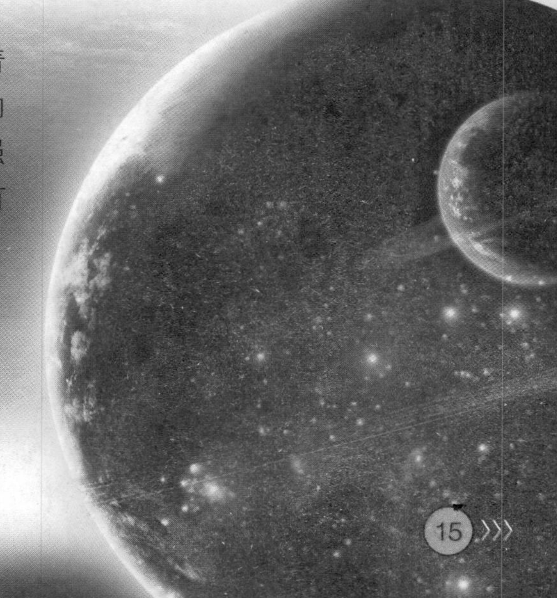

宇宙空间到底有多少维

人类感官所能感知到的空间不过三维。但是科学理论中，人类在三维空间中的探索并不能解释很多浩瀚宇宙中存在的神秘现象。现代天文学就是在挣脱三维空间，不断发现多维空间的过程中探索宇宙的。那么，宇宙空间到底有多少维呢？

什么是“维”

在科学理论中，“维”是一种度量，是物理学中描述某一事物时所依据的参数。零维就是单纯的一个点；一维是由无数的点构成的直线，可以理解为长度；二维是由无数的直线在同一平面内任意排列构成，可以理解为平面；三维是由无数的平面任意排列构成的，可以理解为立体世界，也是人类能够亲身感觉到的世界。

多维空间

阿尔伯特·爱因斯坦在他的《广义相对论》和《狭义相对论》中，提出了“四

维时空”的概念。人类除了能够触摸三维外，还能明显地感知到另外一个维度，那就是时间，所以四维空间是由时间与空间构成的。

现在，我们做一个实验来理解四维空间：把桌面作为一个二维空间，在桌面上画一个“扁平人”。如果要将这个平面人困住，那么我们只需在他的周围画上线，把他围在一个封闭的空间内即可。然后，我们加入第三维空间，现在，桌面上的封闭线已经无法困住这个“人”，因为他可以在高度上轻松越过“包围圈”，也就是说他可以在高度上逃脱二维包围圈。同样道理，如果一个人被围困在三维包围圈中，那么他可以在时间上逃脱三维包围圈。

N维空间

现代科技领域中，不但提出了四维，还提出了五维，甚至是N维，也就是说，宇宙空间是由N条直线[illegible]的空间。但是，N究竟是多少，目前还没有定论。在量子力学中[illegible]建立宇宙空间研究模型的过程中，认为宇宙是十一维的。很多科学家在这一理论的基础上指出，十一维空间中有六维是蜷缩在普朗克尺度（10^{-33}厘米）内的，因此宇宙实际上是五维空间。

我们可以通过一个例子看出为什么人类很难理解多维空间的存在。假如有一个生存在二维世界中的生命，他所能感知的世界只是长、宽，他并不知道高是一种什么概念，假设地面就是那个生命所在的平面，那么地面上的桌子在他的眼中只是桌子的四条腿与地面的接触点，他完全不会知道这四个毫不相干的平面竟然会是一个桌子。人类在他的眼中也只是两个脚印而已，他完全想不到这两个碎片究竟怎么拼接起来才会是人类。同样道理，只能感知三维世界的我们也是很难理解多维空间的。

有科学家能够突破人类在研究宇宙时的局限，发现了十一维空间的存在，但或许科学家现在能理解的十一维仍然不是宇宙空间的全部，人类还将在探索的道路上，利用数学、物理的学科理论，推导宇宙N维空间中的N到底是多少。

宇宙的中心在何处

太阳是太阳系的中心，太阳系中的行星都围绕着太阳公转;银河系也有中心,它周围所有的恒星也都绕着银河系的中心旋转。那么宇宙有中心吗？宇宙的中心又在哪里?

宇宙中心

宇宙的中心似乎应该存在，但事实上它并不存在。因为宇宙的膨胀一般不发生在三维空间内，而是发生在四维空间内。宇宙的空间不仅包括普通三维(长度、宽度和高度),还包括第四维——时间。描述四维空间的膨胀非常困难,但是我们也许可以通过气球的膨胀过程来解释它。

我们可以假设宇宙是一个正在膨胀的气球,而星系是气球表面上的点,我们就住在这些点上。我们还可以假设我们所处的星系不会离开气球的表面，只能沿着表面移动而不能进入气球内部或向外运动。从某种意义上说,我们把自己描述成了一个二维空间的人。

如果宇宙不断膨胀，也就是说气球的表面不断地向外膨胀，那么表面上的每个点彼此间会离得越来越远。其中,某一点上的某个人将会看到其他所有的点都在退行，而且离得越远的点退行的相对速度也就越快。

现在，假设我们要寻找气球表面上

如果将宇宙想象成一个直径136亿光年的球，球当然是有中心的，只是我们没有找到而已。有人推测，宇宙的中心很可能离银河系不远。

就目前的研究成果而言，宇宙并不存在中心点，但事实是否如此，还有待科学家的进一步研究

的点退行到的地方，那么我们就会发现它已经不在气球表面上的二维空间内了。气球的膨胀实际上是从内部的中心开始的，是在三维空间内进行的，而我们是在二维空间内，所以我们无法知道三维空间内的事物。

宇宙的膨胀不是在三维空间开始的，而我们只能在宇宙的三维空间内运动。宇宙开始膨胀的地方是在过去的某个时间，这一时间是不可知的，因此，宇宙的中心也不可知，或者说宇宙根本就不存在什么中心。

宇宙有限还是无限

现在，我们又回到前面的话题，宇宙到底有限还是无限？有边还是无边？对此，我们从广义相对论、大爆炸宇宙模型和天文观测的角度来探讨这一问题。

三种情况

宇宙中蕴藏的物质，既包括人类已发现的能量和辐射，也包括人类所知道并相信存在于太空的一切

满足宇宙学原理（三维空间均匀各向同性）的宇宙，肯定是无边的，但是否有限，要分三种情况来讨论。

如果三维空间的曲率是正的，那么宇宙将是有限无边的。不过，它随着时间的变化而不断地脉动，不可能保持静止状态。这个宇宙从空间体积无限小的奇点开始膨胀，体积膨胀到一个最大值后，反过来开始收缩。在收缩过程中，温度重新升高，物质密度、空间曲率和时空曲率逐渐增大，最后形成一个新奇点。许多人认为，这个宇宙在到达新奇点之后将重新开始膨胀。显然，这个宇宙的体积是有限的，这是一个脉动的、有限无边的宇宙。

如果三维空间的曲率为零，也就是说三维空间是平直的（宇宙中有物质存在，四维时空是弯曲的），那么这个宇宙一开始就具有无限大的三维体积，这个初始的、无限大的三维体积是很难想象的（即“无穷大”的奇点）。大爆炸就从这个“无穷大”的奇点开始。爆炸发生后，宇宙开始膨胀，成为正常的非奇异时空，温度、密度和时空曲率都逐渐降低。这个过程将永远地进行下去，这是一种不大容易理解的现象：一个无穷大的体积在不断地膨胀。显然，这种宇宙是无限的，它是一个无限无边的宇宙。

三维空间曲率为负的情况与三维空间曲率为零的情况比较相似。宇宙一开始就有无穷大的三维体积，大爆炸发生在整个“奇点”上，爆炸后，无限大的三维体积将永远膨胀下去，温度、密度和曲率都将逐渐降下来。这也是一个无限的宇宙，确切地说是无限无边的宇宙。

未解的谜团

那么，宇宙到底属于上述三种情况中的哪一种呢？宇宙的空间曲率到底为正，为负，还是为零呢？这个问题还需要科学家们经过进一步的观测才能确定。

宇宙空间是十分广阔的，光的速度可达30万千米/秒，但是我们地球所在的银河系，跨度就达到了10万光年。

广义相对论的研究表明，宇宙中的物质存在一个临界密度 PC，即大约每立方米三个核子（质子或中子）。如果宇宙中物质的密度 ρ 大于 PC，则三维空间曲率为正，宇宙是有限无边的；如果 ρ 小于 PC，则三维空间曲率为负，宇宙是无限无边的。因此，观测宇宙中物质的平均密度，可以判定我们的宇宙究竟属于哪一种，究竟是有限还是无限。

此外，减速因子也可以帮助我们判断宇宙的有限或无限状态。从减速的快慢就可以判断宇宙的类型。如果减速因子 q 大于 1/2，三维空间曲率是正的，宇宙膨胀到一定程度将收缩；如果 q 等于 1/2，三维空间曲率为零，宇宙将永远膨胀下去；如果 q 小于 1/2，三维空间曲率是负的，宇宙也将永远地膨胀下去。

有了这两个数据，我们就可以确定宇宙究竟属于哪一种了。观测结果表宇宙作为物质和能量的世界是有限的，但时空界限之外的物质究竟是什么，科学家也无法给出一个确切答案。

明，ρ 小于 PC 空间曲率为负，我们的宇宙是无限无边的宇宙，将永远膨胀下去。选减速因子观测的结果是 q 大于 1/2，这表明我们宇宙的空间曲率为正，宇宙是有限无边的、脉动的，它膨胀到一定程度会收缩回来。那么哪一种结论正确呢？要统一大家的认识，还需要进一步的实验观测和理论推敲。今天，我们只能肯定宇宙无边，而且现在正在膨胀。此外，还知道膨胀大约开始于 100 亿—200 亿年以前，不过宇宙有限还是无限，仍是一个未解的谜团。

星体所发光的红移及相关的微波背景辐射两大证据都证明了宇宙的状态是随时间的变化而变化的，而且它的变动幅度也是极大的。

宇宙的命运

宇宙的膨胀会毫无节制吗？有一天宇宙会开始收缩吗？如果它一直膨胀下去，会出现什么情况呢？宇宙的未来究竟会怎样？

均匀各向同性的宇宙的膨胀满足弗里德曼方程。该方程能够说明：物质的引力会导致宇宙的膨胀减速。

宇宙中的作用力

自然界存在 4 种作用力，包括万有引力作用、电磁力作用、强相互作用和弱相互作用，其中以万有引力作用最弱，但它在大范围内起作用，而且能对宇宙的膨胀起着抑制作用。

宇宙各部分相互间的引力，使得宇宙的膨胀一直在减速。这种引力的大小取决于宇宙物质的密度，物质密度越大，这种引力也就越大。如果宇宙物质密度高于一定的值（临界值），则引力将最终制止宇宙膨胀；如果宇宙物质密度低于这个临界密度值，则引力不够大，那么宇宙将继续膨胀下去。研究表明，宇宙中存在着大量不可见的暗物质，这是一种能穿越电磁波和引力场的物质，包括中微子和黑洞。近来，有些科学家发现中微子可能有静止质量，由于宇宙间中微子数量很大，哪怕中微子具有仅仅 30—50 电子伏的

行星在各自的轨道上围绕恒星运行，它们所受到的宇宙中的作用力就是万有引力。

一些科学家认为，宇宙膨胀到一定程度后就会收缩，变成一个起点，然后再膨胀，再收缩，无限循环下去。但也有与之相反的观点存在，至今都没有定论。

质量，就将可能使宇宙物质密度大于临界密度，那时引力场将增强，使宇宙的膨胀在持续相当长的时间后停下来，并转为收缩。收缩过程会逐渐加速，直到回复到无限密集的状态。然后又可能发生大爆炸，宇宙又一次开始膨胀，如此循环往复，周而复始……

未知的命运

如果宇宙永远膨胀下去，那么又会出现什么情况呢？科学家们经过一系列研究后得出结论：如果宇宙无限制地膨胀下去，那么最终宇宙中可能只剩下由光子、中微子、电子、正电子组成的稀薄等离子体了。不过，宇宙形成以上状态需要经过漫长的时间，因此这也是一件非常遥远的事。

目前人类对宇宙的研究还不是很成熟，而且由于各种因素和当前科学家们所掌握的数据都没有完全确定其真实性，因此宇宙未来的命运也只是人们的猜测，并不能百分之百确定。

宇宙的末日

宇宙会不会“死亡”？会不会因为突然发生一次史无前例的大爆炸而消亡？

宇宙未来的命运

根据科学家利用天文望远镜获得的最新观测结果显示：宇宙最终不会爆炸，而是会逐渐衰变成永恒的冰冷与黑暗。这似乎太骇人听闻了，然而地球人或许没有必要杞人忧天，因为地球人暂时还不会被宇宙“驱逐出境”。据推测，宇宙很可能至少将目前这种适于生命存在的状态再维持1 000亿年，这个时间相当于地球历史的20倍，或者相当于智人（现代人的学名）历史的500万倍。不管宇宙在亿万年之后的情形怎样，它对今天地球人的生活不会有丝毫的影响。

人们可以根据天文观测和宇宙学理论来对可观测宇宙未来的演化做出预言。

大爆炸理论

“大爆炸”一词最早的使用者是英国的天文学家弗雷德·霍伊尔，他同时也是与“大爆炸”对立的“稳恒态理论”的支持者。“大爆炸”是指一类描述宇宙诞生的条件以及演化过程的宇宙学模型。这一模型的最初框架是基于爱因斯坦的“广义相对论”而制定的，同时还在场方程的求解问题上做出了一定程度的简化。其观点的具体内容是：根据2010年科学家们所得到的研究结果，宇宙的初始状态发生在约133亿—139亿年前，宇宙由一个密度极大并且温度极高的“太初”状态演变而来，并且不断膨胀达到现在的一个状态。自20世纪20年代天文学家哈勃发现宇宙正在膨胀以来，“大爆炸”理论一直都处于被“修正”的过程中。根据这一理论，科学家指出，宇宙的命运取决于两种相反力量长时间较量的结果。一种力量是宇宙的膨胀，在过去的一百多亿年里，宇宙的扩张一直在使星系之间的距离拉大；另一种力量则是这些星系和宇宙中所有其他物质之间

宇宙不仅在膨胀，而且它的膨胀速率明显在增加，这很可能是由弥漫在真空里的能量所导致的。

的万有引力，它会使宇宙扩张的速度逐渐减缓。如果万有引力大到足以使扩张最终停止，宇宙注定会坍塌，最终将变成一个“奇点”；如果万有引力不足以阻止宇宙的持续膨胀，宇宙最终会变成一个漆黑的、寒冷的世界。

显而易见，宇宙的任何一种结局都在预示着生命的消亡。不过，人类的最终命运还无法确定，因为目前人类尚不能对扩张和万有引力作出精确的估测，更不知道谁将是最后的胜者，现在的观测结果仍然存在着许多不确定的因素。

不确定因素

那么这种不确定因素又是什么呢？科学家指出，这一不确定因素涉及“膨胀理论”。根据这一理论，宇宙开始于一个像气泡一样的虚无空间，在这个空间里，最初的膨胀速度要比光速快得多。然而，在膨胀结束之后，最终推动宇宙高速膨胀的力量可能并没有完全消失。它也许仍然存在于宇宙之中，潜伏在虚无的空间里，并不断推动宇宙的持续扩张。为了证实这种推测，科学家又对遥远的星系中正在爆炸的恒星进行了多次观察，结果证明这种正在发挥作用的膨胀推动力可能仍然存在。

倘若真是这样，宇宙未来的命运就不仅仅取决于宇宙的扩张和万有引力，还与在宇宙中

宇宙膨胀理论，即整个宇宙在不断膨胀，星系彼此之间的分离运动也是膨胀的一部分，而不是由于任何斥力的作用产生的

久久徘徊的膨胀推动力所产生的涡轮增压作用有关，因为这种作用可以使宇宙无限膨胀。

有一种说法认为，当宇宙膨胀到极点时，宇宙会发生异常爆炸，大爆炸是无限循环的，且间隔时间很长。

人类的未来

人们最关心的或许是智慧生命本身。人类将在宇宙中扮演什么角色呢？难道人类注定要灭亡吗？从地球诞生到现在科技水平高速发展的21世纪，人类从众多物种中脱颖而出，最终站在了食物链的最顶端。现如今，人类已经在越来越快地改变着地球，开始操纵甚至改变着自己的生存环境，以达到对自己最有利的状态。也许到宇宙即将毁灭时，人类会凭借自己的聪明才智获胜。就让未来的地球人迎接挑战吧！爱因斯坦在写给一个对世界的命运感到担忧的孩子的信中曾说道："至于谈到世界末日的问题，我的意见是：等着瞧吧！"

浩瀚的宇宙无边无际，其中隐藏着多少秘密，现如今的我们也无从得知。所以说，人类对宇宙的认识是永远没有尽头的，如果人类真的将宇宙的秘密全部解开，那么到了那个时候，也许就是人类或宇宙毁灭的日子。

随着世界上最大的粒子加速器——大型强子对撞机收集的数据越来越多，研究人员将获得对潜在的宇宙未来命运的更多信息。

夜空中有了星星和月光的点缀，看起来不再黑暗，而星星和月亮发出的光则是通过太阳光反射而形成的。

夜空黑暗之谜

夜空为什么是黑的？这一问题看起来很简单，但仔细想想却似乎并没有答案。的确，直到现在，世界上的天文学家们也没有得出一个统一的答案，这个问题仍是未解之谜。

黑暗的夜空

我们不妨这样推想：因为在宇宙中有千万颗能发光发热的恒星，从理论上说，地球无论转到哪里，都能够看到来自不同方位的恒星所发出的光。所以，按这种理论推测，我们看到的夜空，应该也和白天一样明亮才对。而事实上，我们只有面对太阳的时候，才真正看到了光明；背对太阳的时候，我们就只能看到黑夜了。那么，黑夜又是怎么形成的呢？

有人这样解释说，因为在星际间存在着大量的星际物质和尘埃，它们可以吸收恒星发出的光。所以，宇宙就变得黑暗了。

这种解释显然是不能令人满意的。因为宇宙中恒星的总亮度是无限大的。如果星际物质吸收那么多的能量，那么它自己一定会变热并且发出光亮。这样一来，宇宙非但不会黑暗，反而会更加明亮。因此，这个解释是站不住脚的。

1826 年，由于一位名叫奥伯斯的德国天文学家最先提出了这个非常有趣的问题，所以这个问题就被称为“奥伯斯佯谬”，也叫“光度佯谬”。结果，此后一百多年间，关于“夜空为什么是黑的”这个问题，始终没有一个合理的解释。

正当科学家们对“奥伯斯佯谬”苦思无策的时候，宇宙膨胀学说的出现给解决这一问题带来了一线希望。

1915 年，美国天文学家斯里弗发现，大多数银河系之外的星系，它们的光谱线都有红移现象。也就是说，观测到的这些河外星系的光谱线，在不停地向红色一端移动，即波长变长，光波频率变低。这是怎么回事呢？奥地利物理学家多普勒发现的“多普勒效应”，正好能够解释这种现象。那么，多普勒效应又是什么呢？其实这是一个关于声学方面的物理常识。在平时的生活中，我们都

在人类所能观察到的宇宙天体中，大多数恒星的分布位置基本不变，于是人们就把相邻的几个较亮的星想象成一个熟悉的形象，星座便应运而生。

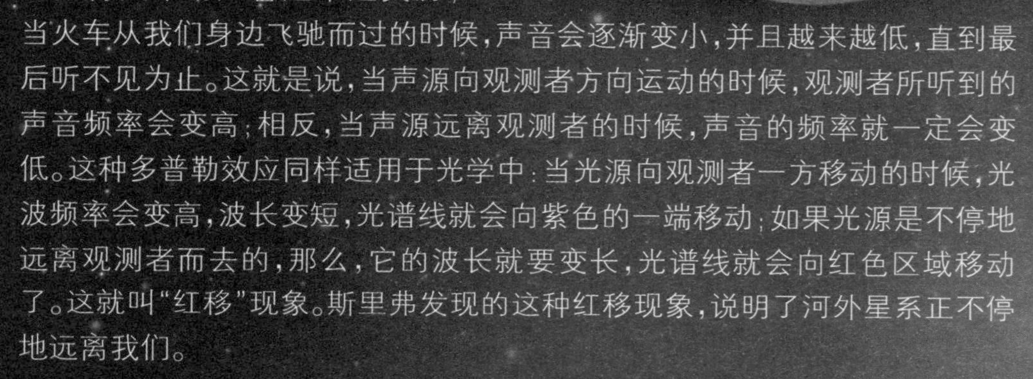

多普勒效应的内容是：物体辐射的波长因为波源和观测者的相对运动而产生变化。所有波动现象都存在多普勒效应。

可能有这样的感受：当一列火车迎面朝我们开过来的时候，我们会觉得火车的声音越来越尖厉；当火车从我们身边飞驰而过的时候，声音会逐渐变小，并且越来越低，直到最后听不见为止。这就是说，当声源向观测者方向运动的时候，观测者所听到的声音频率会变高；相反，当声源远离观测者的时候，声音的频率就一定会变低。这种多普勒效应同样适用于光学中：当光源向观测者一方移动的时候，光波频率会变高，波长变短，光谱线就会向紫色的一端移动；如果光源是不停地远离观测者而去的，那么，它的波长就要变长，光谱线就会向红色区域移动了。这就叫"红移"现象。斯里弗发现的这种红移现象，说明了河外星系正不停地远离我们。

到了 1929 年，美国天文学家哈勃又更精确地研究了二十多个河外星系的红移，最后得出了一个结论：宇宙中所有的星系都在用超出人类想象的速度远离我们，向四面八方飞去。这就是著名的"哈勃定律"。这个定律说明了一个非常浅显的道理：宇宙正在不停地膨胀着！

有了宇宙膨胀学说以后，科学家对于夜空的黑暗就有了理论解释的可能。有的科学家认为，由于宇宙在不断地膨胀着，所以各种星体也在不停地向远处飞行着。恒星发出的光，也会因为红移现象而使光线的能量减小。星系越远，红移越大，发出的光能量损失越多。许多离我们地球非常遥远的恒星，它们发出的光到达地球的时候，其能量已经趋近于零了。所以，我们感到夜空是黑暗的。

这个观点从理论上看像是很有道理。但是，宇宙是从什么时候开始膨胀的？造成膨胀的原因又是哪些呢？这又成了天文学家们新的研究课题。因此，黑暗的夜空是因为宇宙膨胀造成的这种说法，在科学上还缺乏足够的证据。

寻求真相

为了解开夜空黑暗之谜，又有人提出了新的假说，认为夜空的黑暗，可能是宇宙诞生以前的状态。

持这种观点的科学家认为，光的传播速度是一个定值，虽然光速能达到大约每秒三十万千米，但它的传播毕竟也需要一定的时间。那些离我们十分遥远的星系，它们的光到达我们地球的时候，实际上已是几千、几万年之前的光，有的甚至是几亿、几十亿年前的光。所以，黑暗的夜空也许就是宇宙之前的样子，而并不是宇宙现在的状态。

这种观点看起来很有道理，但是这种解释同样有许多难以避开的问题。比如，既然黑暗的夜空是因为宇宙当时还没有诞生造成的，那么宇宙又是如何形成的呢？它又是怎样膨胀成现在这个样子的呢？看来，只有先弄清了宇宙起源的问题，才能证明这一理论是对的。虽然宇宙大爆炸学说已经被世界上多数天文学家所公认，但这种学说还是一种推测，无法得到证实。由此可见，黑暗的夜空是宇宙诞生之前状态的说法，还是不能成为定论。

关于夜空为何黑暗这一问题，相关学者都提出了各自的观点和假说，至于孰真孰假，还需要时间和科学的考验。

超级大爆炸

人类发现了宇宙的膨胀，或者称为“宇宙大爆炸”理论，是20世纪重要的科技发现成果，它为人类认识宇宙提供了重要的探索方向。

量天之“尺”

人们对宇宙的研究是从测量恒星之间的距离开始的，这把“量天尺”就是光谱。远处恒星射来的光在光谱上向紫色一端移动时，说明它离我们较近，如果向红色一端移动，则说明它离我们较远。

光谱，又叫光学频谱。它是指复色光经过色散系统如棱镜等，经过分光后被色散开来的一种单色光按照波长或频率的大小进行排列的图案。

美国天文学家埃德温·哈勃在测量遥远天体的距离时惊异地发现，大部分星系发出的光在光谱上都是向红色一端移动，这就是“红移”。这意味着它们都在以飞快的速度离我们远去。当时测出的最高速度竟达到3 800千米/秒，而且星系之间也是越离越远。这一发现意味

着整个宇宙始终都是在运动变化着的。那些被炸得四散飞去的碎片，不正是相互间越离越远的星系吗？反推回去，昨天的星系肯定比今天离得更近，去年的宇宙也比今年的小。假如我们回到足够遥远的过去，就会看到各个星系紧挨在一起，那时的宇宙小极了，宇宙中的全部物质，都被压缩到一个“奇点”上。当压力超过临界点时，终于发生爆炸，之后生成的宇宙不断膨胀。原来被压缩得无限紧密的物质，就像炮弹爆炸后弹片四散飞开一样，又组合成了各种星系和星云。

宇宙预言

美籍俄国物理学家伽莫夫预言，作为大爆炸后逐渐冷却的遗物，今天的宇宙中存在一种温度很低的电磁辐射，即所谓“宇宙背景辐射”。这个预言很快就得到了证实，美国科学家彭齐亚斯和威尔逊于 1965 年用微波探测器探测到了这种来自宇宙深处的微波辐射，从而证明了“宇宙大爆炸”理论成立，为此他们荣获了 1978 年度的诺贝尔物理学奖。但伽莫夫却什么也没有得到，所以当有人问他：“宇宙大爆炸开始之前，又发生了什么事呢？”伽莫夫懊恼地回答：“上帝正在为提出这个问题的人准备地狱！”

宇宙反物质之谜

什么是宇宙反物质？宇宙中到底有没有反物质？一直以来人们对这些问题都充满了好奇，今天就让我们一起揭开宇宙反物质之谜。

什么是宇宙反物质

要弄清什么是反物质，首先要明确物质和反物质是相对立的概念。大家都知道原子是构成化学元素的最小粒子，它由原子核和电子组成。

原子的中心便是原子核，原子核由质子和中子组成，电子围绕原子核有规律地旋转。原子核里的质子带的是正电荷，原子核外的电子带的是负电荷。从两者的质量看，质子是电子的 1 836 倍，这使得原子核内部形成了强烈的不对称。因此，20 世纪初曾有一些科学家对此提出质疑，二者相差那么悬殊，会不会在原子核内存在另外一种粒子呢？它们的电荷相等而极性相反，比如，一个与质子质量相等的粒子带的是负电荷，另一个同电子质量相等的粒子带正电荷。1928 年，著名的英国青年物理学家狄拉克从理论上提出了带正电荷“电子”的可能性。这种粒子除电荷同电子相反外，其他都与电子相同。1932 年，美国物理学家安德森经过反复实验，把狄拉克的预言变成了现实。他把一束 γ 射线变成了一对粒子，其中一个是电子，而另一个是同电子质量相同的粒子，这个粒子带的就是正电荷。1955 年，美国物理学家塞格雷等人在高能质子同步加速器中，用人工方法获得了反质子，它的质量同质子相等，却带负电荷。1978年8月，欧洲一些物理学家又成功地分离并储存了300个反质子。1979年，美国新墨西哥州立大学的科学家把一个有60层楼高的巨大氦气球，放到离地面35千米的高空，飞行了8个小时，一共捕获了28个反质子。从此，人们知道了每种粒子都有与之相对应的反粒子。

反物质真的存在吗

于是有人认为，宇宙是由等量的物质和反物质构成的。

那么，宇宙中到底存不存在反物质呢？又是否存在着一个反物质世界呢？按照对称宇宙学的观点，回答是肯定的。这一学派认为，我们所看到的全部河外星系（包括银河系在内），原本不过是个庞大而又稀薄的气体云，它由等离子体构成，而等离子体则包括粒子和反粒子。当气体云在万有引力作用下开始收缩时，粒子和反粒子接触的机会就多起来，便产生了湮灭效应，同时释放出巨大的能量，收缩的气体云开始不断膨胀。这就是说，等离子气体云的膨胀是由正、反粒子的湮灭引起的。

按照这种说法推论，在宇宙中的某个神秘的地方，必定存在着反物质世界。如果反物质世界真实存在的话，那么，它只有不与物质会合才能存在。可物质和反物质怎样才能不会合呢？为什么宇宙中的反物质会这么少呢？我们的疑问很多，想要弄清楚谜底究竟是什么，就必须通过人类不懈的努力去探索和研究，才能寻找出最终的答案。

反物质是一种正常物质的相反状态。当正反物质相遇时，双方就会相互湮灭抵消，发生爆炸并且产生巨大的能量。

宇宙巨洞的发现是当代观测宇宙学的重大发现之一，它深化了人们对宇宙大尺度结构的认识。

宇宙巨洞与宇宙长城

人们对宇宙的认识随着科学技术的发展而逐步深入，20 世纪 70 年代以前，多数人都认为大尺度内宇宙物质分布是均匀的，星系均匀地散布在宇宙空间中。然而，近年来人们发现宇宙在大尺度范围内也是有其独特结构的。

宇宙巨洞

20 世纪 50 年代，沃库勒首先提出包括我们银河系所属的本星系群在内的本超星系团。近年来，已先后发现十几个超星系团。这些星系团被一些孤立的星系串在一起从而形成最大的超星系团，这个星系团的长度超过 10 亿光年。1978 年，科学家在发现 A1367 超星系团的同时还发现了一个巨洞，巨洞内部几乎没有星系。不久，科学家们又在牧夫座发现了一个直径达 2.5 亿光年的巨洞，巨洞里有一些暗的矮星系。巨洞和超星系团的存在表明，宇宙结构的组成部分是多样的，而非人们想象的那样简单。1986 年美国天文学家的研究结果表明:这些星系似乎拥挤在一条杂乱相连的不规则的环形周界上,像是附着在巨大的泡沫壁上,周界的跨度约 50 兆秒。后来他们又经仔细研究得出结论:宇宙存在着尺度约达 50 兆秒差距的低密度的宇宙巨洞及密度很高的星系巨壁。在他们所研究的天区存在的这个星系巨壁长为 170 兆秒差距,高为 60 兆秒差距,宽度仅为 5 兆秒差距。

宇宙长城

星系巨壁我们也称其为“宇宙长城”。究其产生的原因,就要追溯到宇宙形成的早期了,那时宇宙是均匀的,各种尺度的密度起伏却是存在的,有的起伏被抑制了,有的则被发现,被引力放大成现在所能观测到的大尺度结构。科学在进步,人类对宇宙的认知也在不断地更新转变,相信在不久的将来,人类对宇宙的构造和内部结构将会有更加全面而准确的认识。

人类在宇宙巨洞中发现了少数异常天体——发射星系,估计那里的星系总密度约为正常情况下的 10%。

神奇理论 虫洞

“虫洞”一词听起来就像是天方夜谭，可偏偏有科学家对其进行着不懈的研究，如果“虫洞”真的存在，并且被人类掌握利用，那人类就极有可能成为宇宙的主宰了。但是人们不禁会问：“虫洞”真的存在吗？

“虫洞”理论

在八十多年前，著名科学家爱因斯坦就提出了“虫洞”理论。那么，“虫洞”是什么呢？比较浅显的解释就是：“虫洞”是存在于宇宙中的隧道，它能扭曲空间，可以让原本相隔亿万千米的地方变得近在咫尺，就像幻想小说中所描写的情景一样，能够缩短两地之间的距离。

其实，早在 20 世纪 50 年代就已经有科学家对“虫洞”进行过研究。但由于当时科技水平的限制，一些物理学家认为“虫洞”在理论上可以使用，但由于其引力过大，会毁灭所有进入其中的物体，因此无法将其用于宇宙探索上。

虫洞又称“爱因斯坦－罗森桥”，是 1930 年由爱因斯坦和纳森·罗森在研究引力场方程时作出的假设，他们认为通过虫洞可以瞬时空间转移或进行时间旅行。

负质量

随着科学技术的发展，科学家们研究发现，“虫洞”的超强引力可以通过“负质量”进行中和，从而达到稳定“虫洞”能量场的作用。科学家认为，相对于产生能量的“正物质”，“反物质”也拥有“负质量”，可以吸去“虫洞”周围的所有能量。像“虫洞”一样，“负质量”也曾被认为只存在于理论之中。不过，目前世界上的许多实验室已经成功地证明了“负质量”是真实存在于现实世界中的，并且通过航天器在太空中捕捉到了微量的“负质量”。美国华盛顿大学物理系的研究人员曾对这一理论进行过计算，其结果显示“负质量”可以用来控制“虫洞”。他们指出，“负质量”能扩大原本细小的“虫洞”，使太空飞船安全穿过其中。他们的研究结果使得各国航天部门对其产生了极大兴趣，许多国家已经开始考虑拨款资助“虫洞”研究，希望“虫洞”能真正用在太空航行领域。

宇宙中充斥着数以百万计的“虫洞”，但是很少有直径超过10万千米的，而这个宽度正好是太空飞船安全航行的最低要求。

广阔前景

宇航学家认为“虫洞”的研究虽然刚刚起步，但是它潜在的作用却是不容

忽视的。他们认为，如果这一研究成功了，人类可能需要重新估计自己在宇宙中的角色和位置。现在，人类被“困”在地球上，要航行到最近的一个星系，最少也需要数百年时间，人类短暂的寿命是无法满足这一要求的。但是，如果在未来的宇航事业中应用“虫洞”理论，那么一瞬间就能到达宇宙中其他地方。而“负质量”的发现为利用“虫洞”创造了新的契机，为宇航事业的发展提供了条件。

虫洞连接着白洞和黑洞，起着在白洞和黑洞之间传送物质的作用。

研究历程

物理学家在分析白洞的时候，通过爱因斯坦的一个思想实验，发现宇宙空间自身并不是平坦的。如果恒星形成了黑洞，那么此时它的视界的地方与原来的时空垂直，这种结构就意味着黑洞视界内的部分会与宇宙的另一个部分相重合，然后在那里产生一个洞。这个洞可以是黑洞，也可以是白洞。而这个弯曲的视界，就叫作史瓦西解，可以说它就是一种特定的“虫洞”。

自从对史瓦西解研究继而发现“虫洞”后，物理学家们就开始对“虫洞”的性质产生了极大的兴趣。在这里，虫洞成为一个传递物质的通道，在黑洞的奇点处物质被完全瓦解为基本粒子后，通过这个虫洞传送到白洞并且被辐射出去。此外，虫洞还可以在宇宙的正常时空中显现出来，成为一个突然出现的超时空隧道。

在现在的宇宙中，“宇宙项”几乎为零。所谓的宇宙项也被称为“真空的能量”，在没有物质的空间中，能量也同样存在其内部，这是由爱因斯坦所阐述的。在宇宙初期的膨胀中，宇宙项是必须的，而且在基本粒子论里，也认为真空中的能量是自然呈现的。那么，为何现在的宇宙没有了宇宙项?科学家柯尔曼认为:在大爆炸以前的初期宇宙中，“虫洞”连接着很多的宇宙，巧妙地将宇宙项的大小调整为零。结果由一个宇宙可能产生另一个宇宙，而且宇宙中也有可能有无数个这种微细的洞穴，它们可通往一个宇宙的过去、未来，或其他的宇宙。

“虫洞”没有视界，它只有一个和外界的分界面，虫洞通过这个分界面进行超时空连接。虫洞与黑洞、白洞的接口是一个时空隧道和两个时空闭合区

虫洞也是霍金构想的宇宙中存在的一种极其细微的洞穴,美国科学家也对此做出了更加深入的探究。

的连接,在这里时空曲率并不是无限大的,因而人们能够安全地通过"虫洞",而不被巨大的引力摧毁。

目前,黑洞、白洞、"虫洞"仍然是宇宙学中"时空与引力"领域中悬而未解的谜团。黑洞是否真实存在,科学家们也只是有着一些间接的旁证。目前的观测及理论为天文学和物理学提出了许多新的问题,如一颗可以形成黑洞的冷恒星,当它坍缩时,其密度必然会超过原子核、质子、中子……如果再继续坍缩下去,中子也极有可能被压碎。那么,黑洞中的物质究竟是什么呢,什么样的斥力与引力对抗才会使得黑洞停留在某一阶段而不再继续坍缩呢?如果没有斥力的存在,黑洞将会无限制地坍缩下去,直到体积无穷小,密度无穷大,内部压力也无穷大,而这在物理学理论中是不可能的。

总之,人们对"虫洞"本质的了解还很少,它们还是那样神秘莫测,很多问题仍需要进一步探讨。目前,天文学家已经间接地找出了黑洞,但白洞、"虫洞"仍未真正发现,还只是一个经常出现在科幻作品中的理论名词罢了,可是谁又能说明它们不存在呢?

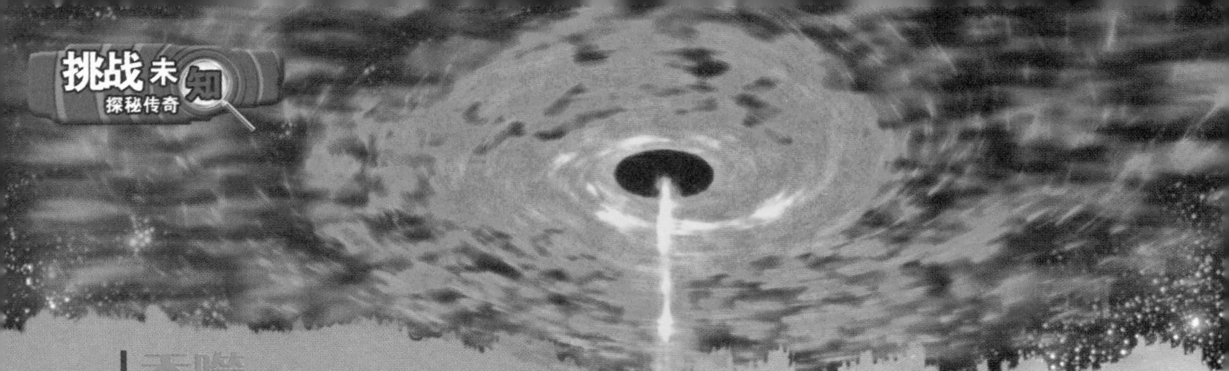

吞噬一切的恶魔

在宇宙中有一种天体，任何物质一旦掉下去就再也逃不出来了，它的吸力极强，连光线也逃不出它的引力，它就是贪吃鬼——黑洞。目前，人们还无法直接观测到它。

黑洞本色

当一颗质量大约是太阳几十倍的恒星被自身的引力压缩成直径只有几千米左右的天体时，黑洞就形成了。黑洞具有强大的吸引力，它被自身引力压成一个封闭性的世界，一切外界的物质或辐射只要进入这个世界，就会被迅速地拽过去，而且无论如何也跑不出去，包括光在内。因此，即使是用最先进的天文望远镜也看不到黑洞。黑洞由此而得名。

黑洞是恒星走完生命旅程之后，除中子星和白矮星外的另一种归宿。其实黑洞的体积并不大，可它的质量和引力却无穷大。既然黑洞是看不见的，那么天文学家是怎样发现并研究它们的呢？黑洞虽然看不见，但天文学家可以通过观察围绕黑洞旋转的行星或其他天体来判断黑洞的存在，并研究、了解黑洞的形状、大小等特点。

超级黑洞

银河系中心位置可能有一个“超级黑洞”，其直径与地球直径相当，质量却至少是太阳的 40 万倍。

天文学家们利用国际最先进的地面望远镜阵列拍摄到了最接近人马座黑洞的“射电照片”。

大部分黑洞均被发现在普通的恒星旁边，专家可透过它们对周围物质的影响，准确地追踪它们的轨迹。也许在不远的将来，黑洞之谜便会水落石出。

黑洞的内部

根据科学家的分析，虽然包括光信号在内的任何物理信号都无法从黑洞中逃脱，但是黑洞毕竟是客观存在的，所以它的内部一定是可以探测的。

黑洞在形成的过程中，由于不断地吞噬周围的一切，所以自身的质量和引力都在增加，但为什么黑洞吞噬的物质却都不见了踪影了呢？科学家推测，被黑洞吞噬的物质并没有“消失”，只是因为人类目前还无法直观地观测黑洞，所以才会认为被黑洞吞噬的物质消失了。那么，不断吞噬周围一切的黑洞的中心会是什么样子的呢，是不是所有的被吞噬的物质都集中在了黑洞的内部呢？对于这样的猜测，科学家还没能给出明确的答案。

另外，有科学家提出，黑洞的内部，也就是环绕黑洞核心几万光年的范围内是一个没有任何物质的真空环境，所有被吞噬的物质都会围绕这一真空进行高速运动。

黑洞在吸收物质的同时也会向外部散发质子。另外，黑洞的吞噬能力非常强，黑洞甚至可以吞噬掉一颗巨大的恒星。一个黑洞大约每一亿年就会吞噬掉一颗恒星。

隐秘能量

万有引力是宇宙中普遍存在的一种力。近来，科学家们又发现了一种作用力，在这种作用力之中隐藏着神秘的力量。

“宇宙论”属于研究宇宙的大尺度结构和演化的学科。有待查明的问题包括：宇宙的发端、恒星是怎样诞生的、行星和生命的演化过程等等。

隐秘能量填补“宇宙论”漏洞

许多科学家都乐于接受隐秘能量这一新的发现，认为它会给天体物理学的研究带来新的希望。国际科学基金会的一位高级会员莫里斯·埃森曼面对这个发现表现得无比兴奋，甚至将它与诗人济慈描述科尔特兹第一次看到太平洋时所写的诗相比。

“我们即将进入的，是一片最新发现的海洋。我觉得这对物理学界和天文学界来说是个了不起的奇迹，可以让我们真正开始从对一个原子结构的研究到对整个宇宙的构架进行一番彻底的研究和探索的旅程，”埃森曼兴奋地说道，“而这些都是同一个问题的不同部分而已。”

隐秘能量的发现，填补了过去一个世纪以来伟大的“宇宙论”发现所留下的一个漏洞。这个观点认为，宇宙不仅在扩张（这是埃德温·哈勃在20世纪20年代得出的，被广泛认为是近百年来最伟大的“宇宙论”发现），而且它的扩张还在加速。

尽管1998年所发表的超新星观测结果已

经表明，宇宙现在的扩张速度比很久以前快了许多，但是仅仅在一年之前，天文学家们还在怀疑宇宙是否正在加速它的扩张过程。这次对迄今为止最远的超新星的观测，可以说是为另类理论彻底画上了一个句号。

隐秘能量的发现,连同近年来天文学的许多发现,都在支持着宇宙加速扩张的观点。例如,过去三年，科学家们已经发现宇宙是有限而无边的,而某种宇宙尘埃可以阻挡住光线,这就解释了为什么超新星会呈现出亮度的变化。

物理学再次面临剧变

保罗·佩尔穆特是劳伦斯·伯克利国家实验室的一位天体物理学家。他是第一个发表宇宙加速扩张理论的人,他认为确认隐秘能量的存在，将会使物理学产生一个全

“宇宙论”一词最早由德国的沃尔弗使用,是相对于神学和心理学而言的用于研究作为一个整体的宇宙的起源等问题的理论。

新的分支。

“我们无从知道究竟隐秘能量是由什么产生的，而且我们也无法用现有的物理学理论来解释。”佩尔穆特说，“这很令人兴奋，我们极少碰到这样的问题。”

1917年，阿尔伯特·爱因斯坦首次想象出宇宙中具有无所不在的一种排斥力，后来他将这种力称为“宇宙恒量”。就像仿制了一套20世纪的神学地图一样，爱因斯坦试图把宇宙支撑起来，以免星体彼此在引力作用下贴在一起。于是就“捏造”出了他的相对论公式，在空间的某些条件下给星体之间添加一种排斥力，这样就可以让宇宙永恒地在一种“稳定状态”下保持其平衡。

但是当天文学家埃德温·哈勃发现宇宙并不是静止的，而是在扩张的时候，爱因斯坦又放弃了他的“宇宙恒量”学说，并把它称作自己最大的错误。数十年来，天文学家们一直将爱因斯坦的“宇宙恒量”之说封藏起来，鲜有提及。

“如今，我必须认真对待隐秘能量，不管我愿意还是不愿意。”加利福尼亚大学圣克鲁斯分校的物理学家麦克尔·戴恩说。里维奥也表示同意，他说：“隐秘能量已经成了我们关于宇宙学说的中心问题了。”

渗透能量和排斥力场

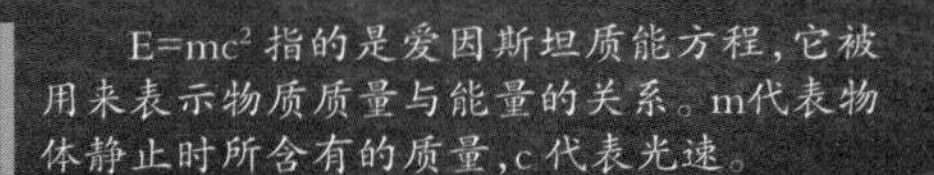

$E=mc^2$ 指的是爱因斯坦质能方程，它被用来表示物质质量与能量的关系。m代表物体静止时所含有的质量，c代表光速。

尽管物理学家们还说不出隐秘能量究竟是什么，但他们对于其出处已经有了一些说法。有的说它可以从空间的真空中渗透出来。实验表明，表面上空洞的空间里实际上还隐藏着其他成分，它们进出于有无状态之间，时隐时现，时有时无。

有些科学家认为，这种永久的真空提供了一种能量，它可以以一种排斥性的“负引力”形式存在。但是问题在于这种真空能量如果计算出来会大得吓人，在很久以前就足以把整个宇宙撕成碎片。比较合理的假设是：这种真空能随着时间负引力又叫"反引力",指如果某个具有质量的物体能够排斥另一个具有质量的物体,那么它的强度和排斥方式恰好与一般情况下两者的相互吸引力一样的话,我们就得到了负引力。

推移而减弱,而且并不像爱因斯坦所想的那样持续不变。

这又引出了另外一种学说,叫作"力场论"。它提出宇宙空间里存在一种排斥力场,它与引力场和电磁场有相似之处。在这个假说之下,排斥力场是在宇宙早期与自然界的其他力场一同生成的,如今它就像一张蜘蛛网一样分布在宇宙中间。随着宇宙的扩张和冷却,引力和排斥力就像掰手腕一样争夺着宇宙的控制权。但是最终还是排斥力占了上风,星系也就逐渐地向外散开了。

谁能解释隐秘能量

但是其他的天文学家对隐秘能量则不以为然。

"有什么好担心的呢?隐秘能量只是宇宙的基本特征之一,对它作出解释,就好比试图解释为什么地球和太阳处在现在的距离而恰恰适合生命的繁衍一样毫无意义。"

"隐秘能量之谜只能通过精确的天文观察而不是在物理实验室里揭开。"芝加哥大学的天文学家麦克尔·特纳这样评论道,"我们的目的之一就是测试隐秘能量,看看它是否真的荒诞不经。所以要么是我们彻底错了,要么是人类最终发现自己实际上生活在一个荒诞不经的宇宙里面。"

超光速运动

《狭义相对论》中写道：一切静止的质量不为零的物体，其运动速度不能超过光速。光速是宇宙的极限速度……

超越光速

根据爱因斯坦的狭义相对论和广义相对论，从理论上来说，超光速并非不可能实现。一个静止的质量不为零的物体，在接近光速运动时，其运动质量会无限增大。根据广义相对论，质量会使周围空间弯曲，通常我们看不到弯曲的空间，是因为质量不够大，空间弯曲程度太小。

阿尔伯特·爱因斯坦，著名犹太裔物理学家，曾经提出过光子假设，并成功解释了光电效应，同时也是“相对论”的创始人。被公认为继伽利略、牛顿以来最伟大的物理学家。

水星的表面和月球相似，表面布满环形山、大平原、盆地、辐射纹和断崖。1976年，国际天文学联合会开始为水星上的环形山命名。

水星运动轨迹

广义相对论最成功的例证是“水星运动轨迹”。由于太阳的质量很大，周围空间发生弯曲，水星靠太阳最近，水星是在弯曲程度很大的空间中绕太阳进行圆周运动，因为我们有平直空间的惯性思维，所以能够观察到水星不是在闭合圆周上围绕太阳运动的。我们可以做一个实验加以说明：把一张纸从边缘剪一条直线到中央，然后沿剪开的缝将纸的重叠部分粘起来，原来是平面的纸，现在则是漏斗形弯曲的平面。假设漏斗的中心是太阳，水星在漏斗壁上作圆周运动，画一个圆，然后把粘贴的缝展开还原，再回到平面上观察，就会发现水星的运动轨迹不是闭合的圆。

真正意义的超光速运动

根据相对论，高速运动的物体，由于运动使物体的质量变大，所以越接近光速，质量就变得越大，它周围的空间也会弯曲得越厉害。该物体是在弯曲的空间中以接近光速的速度作直线运动。如果我们把弯曲的空间展开，从静止状态观察，由于该物体所走的路程大于弯曲空间的路程，该物体的运动实际已超过了光速。

生命的起源

从古至今，人类遇到了许多未解之谜，人们对这些未解之谜极为关注，生命的起源便是其中之一。

生命起源于哪里

早在19世纪末，当人们通过反复实验，发现在正常条件下生命不可能从无生命的物质转化而来，即证明生命自然发生说是荒唐的谬论时，就已经有人把视线转向了宇宙空间。1907年，瑞典著名的化学家阿伦尼乌斯(1859—1927年)发表了《宇宙的形成》一书。他认为，宇宙中一直存在生命，“生命穿过宇宙空间游动，不断在新的行星上定居下来。生命是以孢子的形式游动的，孢子由于无规则运动而逸出一个行星大气，然后靠太阳光的压力被推向宇宙空间里”。与此同时，其他科学家也证明了这种压力的存在。因为在宇宙中类似太阳这样的恒星数不胜数。根据以上表述，我们可以说产生生命，推动孢子运动的光压力在宇宙中是客观存在的，而且还极其普遍。阿伦尼乌斯认为，孢子在星际空间里被光辐射推着往前走，直到它掉到或落到某个行星上，由此便可产生活泼的生命。如果那个行星上已有生命，它就和它们展开强劲的竞争；如果还没有生命，但是产生生命的条件已具备时，它就会在那里定居下来，于是这个行星便有了生命。

据阿伦尼乌斯估算，孢子从火星飞向地球仅需84天，只需14个月就可轻松地飞出太阳系，若要飞到距地球最近的恒星——半人马座的比邻星(距地球4.22光年)也不过9 000年。显然这些数字从天文学的角度来看是微不足道的。阿伦尼乌斯还认为，孢子有着厚重的外衣保护，生命力极其顽强，足以忍受住遥远而又寒冷并且没有水分和营养的艰苦的星际旅途，而不丧失其复苏的能力。即便是出于纯粹偶然的原因，只要这些宇宙间的“流浪汉”来到了一个适宜生

“化学起源说”是被广大学者普遍接受的生命起源假说。这一假说认为，地球上的生命是在地球温度逐步下降以后，由非生命物质经过极其复杂的化学过程，一步一步地演变而成的。

“自然发生说”是19世纪前广泛流行的一种生命起源理论,这种学说认为,生命是从无生命物质自然产生的。

长的优质环境中，它们便能开始征服这个星球的过程。

许多学者支持阿伦尼乌斯的这一理论。但是,由于他主张生命在宇宙中是永恒存在的,这就抹杀了生命有过起源的问题,把生命起源的探索推向了不可追溯、不可认识的唯心领域,甚至为神创论者所利用。

生命天外来源说

近年来的一系列发现又重新唤起了人们对“生命天外来源说”的极大关注与热情。

首先，人们注意到地球上的生命虽种类庞杂，但它们却具有一个固定的模式:具有相似的细胞结构,都由同

样的核糖核酸组成遗传物质，由蛋白质构成活体。这就使人们产生了疑惑，如果生命果真是在地球上由无机物进化而来，为什么不会产生多种生命模式呢？其次，还有人特别注意到，稀有金属钼在地球生命的生理活动中，具有重要的作用。然而，钼在地壳中的含量却很低，仅为 0.000 2%，这使人不禁又要问，为什么一个如此稀少的元素会对生命具有如此重要的意义？地球上的生命会不会本是起源于富含钼元素的其他天体呢？第三，人们还不断地从天外坠落的陨石中发现有起源于星际空间的有机物，其中包括构成地球生命的全部基本要素。人们还发现在宇宙的许多地方存在着有机分子云。生命绝不仅仅只存在于地球上，人们对这一论断深信不疑。再者，一些人还注意到地球上有些传染病，如流行性感冒，常周期性地在全球蔓延，而其蔓延周期竟与某些彗星的回归周期相吻合。于是人们有理由怀疑，是否有些传染病病毒来自彗星。如果这真有可能的话，那么当然也不会排除有其他的生命孢子传入的可能。

近代对“生命天外来源说”的最重要支持，来自下述的两个实验。

早在 19 世纪末，人们就发现，来自宇宙的星光在到达地球的途中，由于被星际物质吸收，造成了星光的减弱。然而，究竟是什么物质造成了这种星际消光现象呢？长久以来，人们一直没有得到准确满意的答案。近代科学家们利用人造卫星进行研究，把来自宇宙的星光展成光谱，发现在红外区域的 3.1 微米、9.7 微米、6—6.7 微米和紫外区域的 0.22 微米波长处均有强烈的吸收带。这使我们有可能在实验室里进行实物模拟，以此来确认究竟是什么导致的消光现象。人们曾一度认为，造成星际消光的物质是石墨构成的宇宙尘，也有生命起源的"宇生说"认为,地球上最早的生命或构成生命的有机物均来自于其他的宇宙星球或者星际尘埃。

人认为是硅酸盐尘,还有的人说是带有苯核的有机物,但模拟结果却将这些假说一一否定了。不久前,英国加的夫大学教授霍伊耳对此问题重新进行了一次细致入微的研究,他大胆地假设,宇宙中充满了微生物,正是这些微生物造成了星际消光。根据这一新奇大胆的设想,他用大肠杆菌进行了模拟实验,结果不出所料,在紫外区域0.22微米的波长范围里,他找到了与星光相吻合的吸收带。

在霍伊耳实验的启迪下,日本京都大学的薮下信助教授等人对大肠杆菌进行了更深更详细的研究,结果在红外区域的3.1微米、9.7微米和6—8微米均找到了相似的吸收带。但紫外区域减光曲线则与霍伊耳的结果稍有偏差,减光曲线的峰值不是在0.22微米,而是在0.9微米。薮下等人认为,一个原因可能是大肠杆菌在宇宙中也许会有一些不同于地球的特征,从而造成了这种细微的差别;另一个原因可能是空气中的氧气也会吸收紫外线,也许是氧气造成的干扰。因此他们开始着手准备到"空间实验室"中去进行这一实验。

1985年,英国《自然》杂志发表了彼得·威伯等人的实验结果。他们把枯草杆菌置于模拟的宇宙环境中,即在气压低到七亿分之一个大气压以下的高真空条件,在温度为10K(-263.15℃)时进行紫外线照射。结果发现枯草杆菌具有非常强的耐受能力(比在高温条件下更能经受住紫外线的照射),其中有10%可存活几百年的时间。如果枯草杆菌不是置于高真空条件下,而是置于含有水、二氧化碳等的分子云内,则其存活时间可达几百万到几千万年,因此他指出:这种"云"足以在明显短于枯草杆菌平均存活时间的范围内从一个星球移向另一个星球,从而把生命的种子撒向四方。

经过一次又一次细致的调查研究,"生命天外来源说"得到了人们的极大关注。科学家们正在进一步探索生命起源的奥秘,相信终有一天会解开这个谜。

宇宙中还有别的智慧生物吗

人类是宇宙中唯一的智慧生物吗？宇宙中还有别的智慧生物存在吗？接下来就让我们围绕这些问题进行探讨吧！

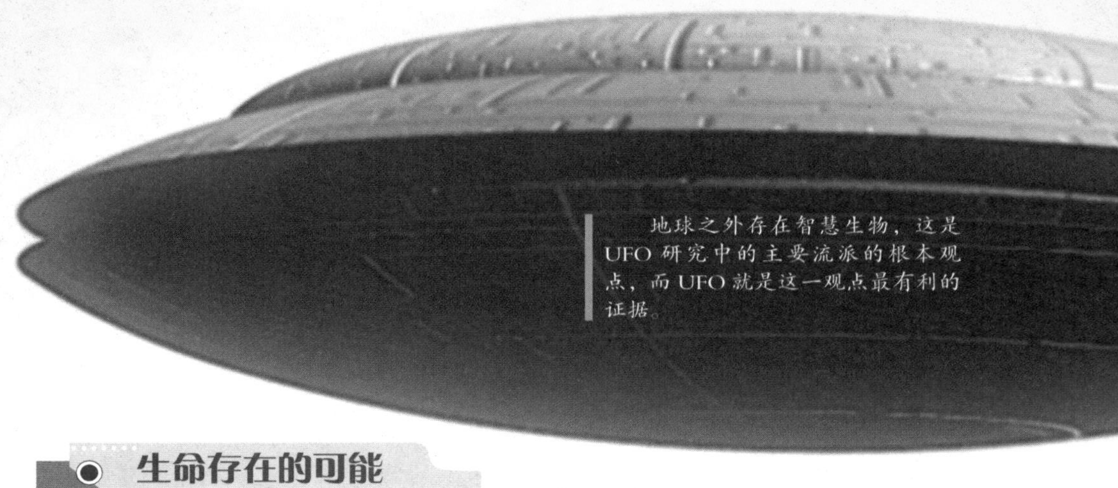

地球之外存在智慧生物，这是UFO研究中的主要流派的根本观点，而UFO就是这一观点最有利的证据。

生命存在的可能

天文学家们推算，在望远镜所及的范围内，大约有 10^{20} 颗恒星，假设1 000颗恒星当中有1颗恒星有行星，而1 000颗行星当中有1颗行星具备生命所必需的条件，这样计算的结果是还剩下 10^{14} 颗星球。

假设在这些星球中，有1%的星球具有生命存在需要的大气层，那么还有 10^{11} 颗星球具备着生命存在的前提条件，这可真是个天文数字！即使我们又假定其中只有1‰已经产生生命，那么也有1亿颗行星存在着生命。如果我们进一步假设，在100颗这样的行星中只有1颗真正能够允许生命存在，仍将有100万颗存在生命的行星……

生命存在的条件

毋庸置疑，和地球类似的行星的的确确是存在的，有类似的混合大气，有类似的引力，有类似的植物，甚至可能有类似的动物。然而，其他的行星必须有类似地球的条件才能维持生命的生存吗？

实际上，生命只能在类似地球的行星上存在和发展的假设是站不住脚的。人们认为被放射物污染的水中是不会有任何微生物的，但实际上有几种细菌可以在核反应堆周围足以让多种微生物致死的水中健康茁壮地生长。

有两位科学家做过一个实验：把一种蠓在100℃的高温下烤了几个小时后，马上放进液氦中（液氦的温度低得和太空中一样）。经过强辐射后，把这些试验品再放回到正常的生活环境中。这些昆虫很快恢复了活力，并且繁殖出了完全“健康”的后代。蠓的生活并没有受到什么不利影响，一切如故。

这也许只是举出了极端的例子。也许我们的后代将会在宇宙中发现意想不到的各种生命，发现我们人类在宇宙中不是唯一的智慧生物，也不是历史最悠久的智慧生物。

16世纪末，意大利著名科学家布鲁诺明确提出：“宇宙中有着无数的太阳，无数的地球，它们环绕着自己的太阳旋转……在这些星体上，居住着各种生物。”而开普勒、惠更斯、康德等科学家也曾经从不同角度提出过有外星人存在的说法。

异样的生命形态

到底有没有类似地球人甚至更文明的高级外星人存在呢？一直以来，人们对此众说纷纭。随着空间科学技术的迅速发展，这个富有神话色彩的大胆猜测，更加激励着人们去不断探索。

科学家希柯勒教授在实验室里创造了一种与地球完全不同的环境，他在这样的环境下成功地培养出细菌与螨类，从而有力地证明了生命并不是地球的“专利品”。我们地球上的所有生物也不是按照同一个模式生活的，氧是生物进行新陈代谢必不可少的条件，但是有一种厌氧细菌，就不需要氧，而且有了一定的氧反而会中毒死亡。高温可以消毒，会使生命死亡，但海底有一种栖息在 140℃条件下的细菌，温度不高反而会死掉。据统计，地球上不遵守生命理论而存在的生物有好几千种，只是我们人类由于目前的科技发展水平有限，还没有全部发现它们而已。

有些人妄断地球的环境是完美无缺的，但其实，这些标准只是地球人自定的。事实上，地球上的各种生命并不是过着自由自在、无拘无束的生活，它们必须受到各种各样的限制。我们不应该以地球上生命存在的条件去硬套外星星球，每个星球都有自己的具体条件。如果表面温度为 –133℃至 –27℃的火星上存在着火星人，他们也许会认为在地球这种温度条件下根本无法使地球人生存。

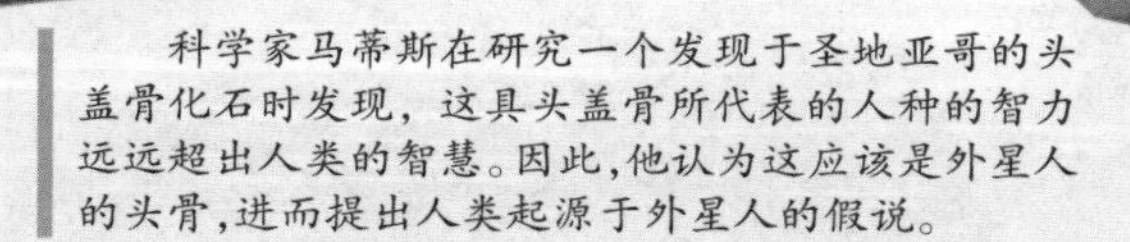

科学家马蒂斯在研究一个发现于圣地亚哥的头盖骨化石时发现，这具头盖骨所代表的人种的智力远远超出人类的智慧。因此，他认为这应该是外星人的头骨，进而提出人类起源于外星人的假说。

于是，在生命理论的研究领域中，行星生物学应运而生了。它主要研究地球以外各种行星的自然条件和是否存在能生存在这些环境条件中的生物，地球生物是否可以在地外行星上居住，以及发现行星生物的新方法等问题。因为生物往往具有一种隐蔽的本能，即使存在也不一定能轻而易举地被发现。例如地球空间中存在着许多微生物，但又有谁能用肉眼去发现它们呢？目前，对火星、金星、木星等星球的探测工作刚开始着手，断言这些星球上不存在任何生命，似乎为时过早。

各执一说的两派

随着人类对自然界认识的深化及当代科学技术的飞速发展，人们提出在地球以外的星体上存在生命甚至高级文明社会的问题不足为奇。科学家们极力想探索出个究竟来，于是在二十多年前就产生了寻找“地外文明”的科学探讨方向。

宇宙中是否存在其他智慧生物?科学家们分成了两大派。一派说，既然我们人类居住的地球是个最普通的行星，那么在广袤无垠的宇宙中就应该有智慧的生命存在。另一派却说，尽管生命可能在宇宙中广为存在和传播，但能使单细胞有机体转变成人，其进化过程所需的特定环境出现的可能性却并不大，因此在地球外存在智慧生命就不大可能了。就科学的发展前景来看，这样的争论是正常的、有益的，而且会加快推动对“地外文明”的探索。

神秘的太空信号

永远不满足于现有的成绩，永远不止步于困难面前，是我们人类最值得骄傲的精神动力。正是依靠这种精神，人类在探索宇宙奥秘方面已大有建树。

不懈探索

到目前为止，尽管对外星人是否存在这一推断还没有定论，但是至少有一半的科学家仍坚持浩瀚宇宙必然存在与我们相似的高等智慧生命这一观点。探寻外星人，并与他们进行交流，以便合力构建宇宙间属于高等生命的文明社会，众多科学家视这一目标为终生奋斗方向，并为之付出了大量时间和努力。

无线电波指的是在包括空气和真空在内的自由空间中传播的电磁波，其频率在 300MHz 以下。

在其他星球上真的有高等智慧生命吗？地球人类怎样才能发现他们并与他们取得联系呢？唯一的办法就是放开我们的视野，扩大我们的听力。换句话说，就是要利用不断更新的最新天文仪器，观察目光所能及范围内的生命痕迹；借助功能强大的无线电接收机，设法收到地球以外的高等智慧生命向我们传输的信息。

可以想象，如果宇宙中确实有外星人的话，他们也很可能和我们一样，会想方设法发送信息与外界同类取得联系，其最好的传播媒介就是无线电波。事实上，很多现象说明，宇宙间的确存在着这种电波，这或许说明外星人早就设法与地球取得联系了。

早在1930年，许多科学家就已发现了一个奇怪的现象：他们发出一串无线电波以后，总会收到两个回音。一个回音按预期规律返回，即绕地球一周，8秒钟后返回；另一个回音却是在3—4秒钟后神秘返回，仿佛它们是被地球轨道上某种神秘物体反射回来的。难道在地球轨道上还有天外来客吗？科学家们困惑不解。

几年以后，一位名叫邓肯·卢南的苏格兰天文学家在大量调查研究的基础上解释了这一点。他觉得那些反常的回音是由一个位于地球轨道上的宇宙飞船发出的。这个飞船可能就在地月之间。邓肯·卢南说："回音是宇宙飞船上的外星生物发射的信号。"他还将他的研究结果当众宣布。他利用电视显示的办法，将接收到的信号分画成6个画面，表明它们均属同一星系的不同侧面，一颗恒星总是位于图案中心。这6个图案代表从6个角度审视牧夫星座，中间的恒星即牧夫星座3星。科学家们知道，牧夫星座3星距地球有103光年。

邓肯·卢南的发现得到相当多的天文学家的支持。发现公布之后，舆论一片哗然，地球人感到震惊了，原来天外文明社会早就注意我们了！

有一件更令人难以置信的事在等着我们去思考。

1953年到1957年将近5年的时间里，法国国家空间研究中心研究部主任莫里斯·阿雷发现，该国家实验室的观察仪竟出现奇异的偏

差。设在巴黎市郊的这个地下实验室，利用一只重 7 500 克的钟对地球引力观测多年。这个钟由一根长 83 厘米的金属棒支撑，底座重 4 500 克，总重量为 12 千克。因为钟摆的摆动平面对地球表面来说处于相对转动状态，这种转动和理论计算中的转动之间的微小变化，可以计算出地球运动的细微变化。

1954 年 6 月 30 日中午正值日食，莫里斯·阿雷特别关注了钟摆的运动。日食发生时，他惊讶地发现钟摆的摆动平面较平时多移动了 15° ，这一现象一直持续到日食结束。这种情况过去从未发生，以后也没出现过。当时很多科学家对此作出的种种解释都站不住脚。

30 年以后，一位科学家提出了一个观点：1954 年 6 月 30 日发生的引力异常现象是来自外太空空间的一个智能信号。他的推理是这样的：外星人一定明白引力的奥秘，他们很可能掌握左右引力的方法，用巨大的引力来推进飞碟，飞碟才拥有地球科技无法达到的种种奇妙本领。如果外星人决定利用引力来引起我们注意的话，最好的办法便是利用日食，干扰地球上科学家的观察。日食发生时所产生的奇异的物理现象就是外星人利用巨大引力搞的恶作剧。

事实不仅仅如此，苏联天文学家对射电星 CFA–102 的研究又为人类提供了其他证据。1964 年秋天，苏联天文学家宣布，星团的发射能量突然增强，他们有可能收到外星生物的信号。1965 年 4 月 13 日，苏联天文学家罗米茨基在莫斯科的一个天文研究所宣布，1964 年 9 月底和 10 月初，CFA–102 的辐射能量与往常比较突然增强，但只是短时间的，之后马上消失了。他们将这一情况记录下来，加强了对它的观察。年底，发射源的强度突然再次变大，它正好在第一次记录后 100 天达到第二次峰值。

虽然很多人声称他们曾经遇到过外星人，但是多数学者认为所谓的人类和外星人的接触其实只是人们的心理作用罢了。不过，从理论上说，宇宙中必然存在其他智慧生物的观点是毋庸置疑的。

“地心说”认为，人类居住的地球在宇宙中具有非常特殊的地位，同时它也否定在其他天体上有任何类人生物存在的可能性。

此时荷兰天文学家马滕·施密特经过精确计算后得出结论，CFA-102 射电星离地球肯定是 100 亿光年远。这就是说，无线电射束要真正来自智能生物，那它一定是 100 亿年前就已拍发出来。科学家们更加茫然了，因为 100 亿年之前，我们的地球根本不存在。难道天外文明世界 100 亿年前就已高度发达？

宇宙太浩瀚了，更有千奇百怪的疑团遍布这个浩瀚的宇宙。人们要探索的未解之谜太多了，而我们所能了解的事实实在只是冰山一角。

神奇的 宇宙生命信息

人体是一个奇异而复杂的机器，不仅自身各系统互相协调，而且在血缘亲属之间都会有超越空间的信息传递，并发生奇妙的感应。就人体场而言，场不仅随人体而存在，而且可以离开人体存在于一定的空间，场与场的作用，便形成了信息传递。

血缘之间的信息遥感

相传，曾子外出打柴，家里来了客人，曾母便在自己手指上咬了一口，曾子顿时觉得心惊肉跳，丢下柴草赶回家中。曾子的孝顺是出了名的，所以他对母亲传出的信息感知力特别强。

唐代有个小吏叫张志宽，有天在衙门当班时突然感到心痛，他赶紧向县官告假，说是自己心痛，必定是乡下母亲生了重病。县官不信，派人去访查，果真如其所言。

孪生之谜

信息链作用在孪生子之间表现得最为突出。英国的一对孪生姐妹，她们

不但一同出生，一同讲话，甚至还一同死亡。她们的言行思想总是一致的。1994 年 4 月 8 日，她们双双死于心脏病，倒在自家的后门旁。

神秘的生命信息目前还没有被科学界捕捉到，但是相信随着科学技术的不断发展，终有一天会解开这个谜底。

神秘的预感和前兆

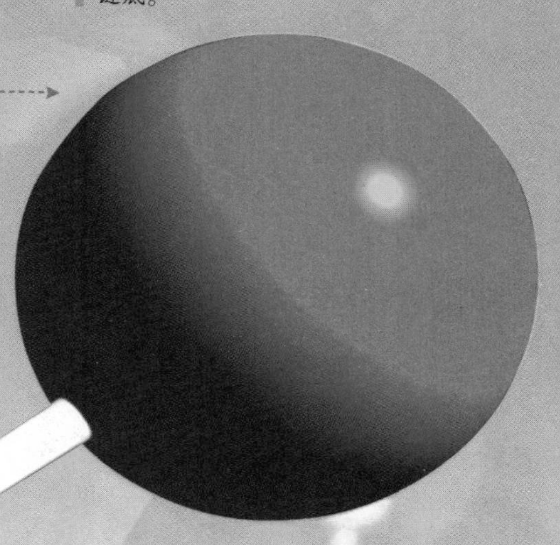

生命信息充斥在宇宙空间，要捕捉这些信息是很难的，现代科学技术对此几乎束手无策。要捕捉生命信息，还得靠生命本身，一句话，一个动作，可能就负载着某种神秘的信息。

1961 年 5 月 25 日，肯尼迪总统在国会演讲时宣布，在 20 世纪 60 年代结束前美国人将登上月球。回到家里，他和家人说了这么几句话："我的登月诺言，我是十分盼望能够实现的。不过要是诺言还没有实现，我就死了，这里所有的人都该记住：美国人登上月球之时，我将高高地坐在天堂的摇椅上，就像我现在坐在摇椅上一样，观看着美国人登月，我会比谁都看得更清楚。"结果，两年后肯尼迪被暗杀。这是一种玩笑，也是一种预言，令人感到匪夷所思。

时空旅行

“时空旅行是可以实现的，而且我们知道如何去完成它。”保罗·戴维斯，这位或许是继斯蒂芬·霍金之后最知名的物理学家发出了豪言。难道人类真的可以穿梭往来于时空之间吗？

时空旅行

相对论为我们提供了在未来时光中旅行的两种方法。一个是以高速进行运动，由这种运动而造成的时间扭曲使我们能在未来的时光中旅行。狭义相对论对此给出了解释——如果我们有一艘速度达到光速 99.999 99%的飞船，就可以在 6 个月内进入 3000 年。这种旅行是相对论的结果，它与著名的爱因斯坦理论如出一辙。孪生兄弟中的哥哥以接近光速的速度开始其太空旅行，而弟弟则留在家里。哥哥到达 10 光年以外的目的地之后可以立即以同样的速度返航。对于留在地球上的弟弟来说，时光流逝了 20 年，这也是哥哥以近光速旅行所花去的时间。但对于旅行中的哥哥来说，时光流逝的速度却要慢得多。事实上，相对论告诉我们，时间会随着速度的增加而放慢步伐。对于哥哥来说时间仅仅过去了 3 年，当他回到地球上时，就会发现自己已经跨进了 17 年后的未来。

时空旅行从理论上讲是可能实现的。霍金认为，宇宙万物都会出现小孔或者裂缝，这种基本规律同样也适用于时间，时间裂缝的空隙甚至比分子、原子还要小，他称这些空隙为“量子泡沫”。

旅行“成本”

接近光速旅行在技术方面没有任何禁区，只是一个成本问题。为了把一个10吨重的负载加速到光速的99.9%，需要使用100亿亿焦耳的能量，这相当于全人类几个月的能源生产总量。

进一步分析，接近每秒30万千米速度的成本当然会更令人惊讶。

在太空中有取之不尽用之不竭的能源，只要人们去开发它们。但这实际上成了一个政治问题：人类能否做出对太空进行必要的技术研究和开发的决定，以便使人类能够利用宇宙中大量的能源。还有另外一个问题就是，以高速系统进行的时空旅行或许只能进入未来却没有办法回来。事实上，假如我们的超级宇宙飞船到达了3000年后再返航，有可能现在地球的时光又跨出了一大步。

另一种方法

另一种方法是爱因斯坦1916年在广义相对论中提出来的，这个理论将狭义相对论进行扩展，其中包含了重力对时光产生的多种效应。

1976年，物理学家罗伯特和马丁向太空中发射了一枚载有时钟的火箭，他们观察到这个时钟与放置在地球上同样的时钟相比，多获得了1/10微秒。为了在未来的时光中旅行，只需要利用那些强度远高于地球重力的引力场，比如中子星的引力场。中子星自身强大的重力使其原子变成了一堆中子，这种重力作用会产生比在地球重力影响下要明显得多的时间扭曲：中子星

上的 7 年相当于地球上的 10 年，因此，只要让我们的飞船到达这样一颗中子星上，我们就会在未来的时光中迈出一大步。但问题是我们还不知道如何造出一艘能抵抗中子星附近极其恶劣条件的飞船。因为在这种情况下，我们是无法从未来时光中返航的。

时空转移

澳洲国立大学华裔科学家林秉江博士和他的同事证明，《星空奇遇记》中的航天员所做的长距离转移任务是可以实现的。

林博士的实验证明了量子传输可行。林博士小组的研究结果与科幻片《星空奇遇记》中的人体时空转移现象非常相似，但想将人体做空间转移，距离实现的日子还遥远得很。

科学能将固体物质在两个地方做空间转移这一目标的实现为时已不太远。1997 年即已开始研究空间转移的林博士声称："我的预测是……未来几年内很可能有人会做出来，就是将单一原子空间转移成功。"

但他说将人体空间转移几乎不可能，因为我们是由无数的原子组成的。

林秉江对这项研究的突破为未来十年研发超快及超安全的通讯系统提供了可能。

地球家园

TIAO ZHAN WEI ZHI

在一望无际的外太空中，我们会看到一个蔚蓝色的“大水球”静静地飘浮在宇宙之中，看上去静谧而又美好，那上面有深蓝色的汪洋大海，有各种各样的神奇动植物，还有很多令人匪夷所思的自然现象，那里到处都蕴藏着珍贵的自然资源和神秘宝藏，令人无比向往，这就是我们赖以生存的家园——地球。

地球内部之谜

想要了解地球内部的情况，最好的办法就是钻到地球里头看一看。但到目前为止，人们还没有能力自由自在地钻到地球中心去活动。

火山爆发

地球每时每刻都在活动，人们运用已经掌握的知识，对许多来自地下深处的信息进行分析判断，从而推测出地下大概的情形。

火山爆发是地球内部运动的一个表现形式，同时也表示地球内部热能在地表处的转化过程。通常包括岩浆形成及初步上升、进入岩浆库及喷发三个

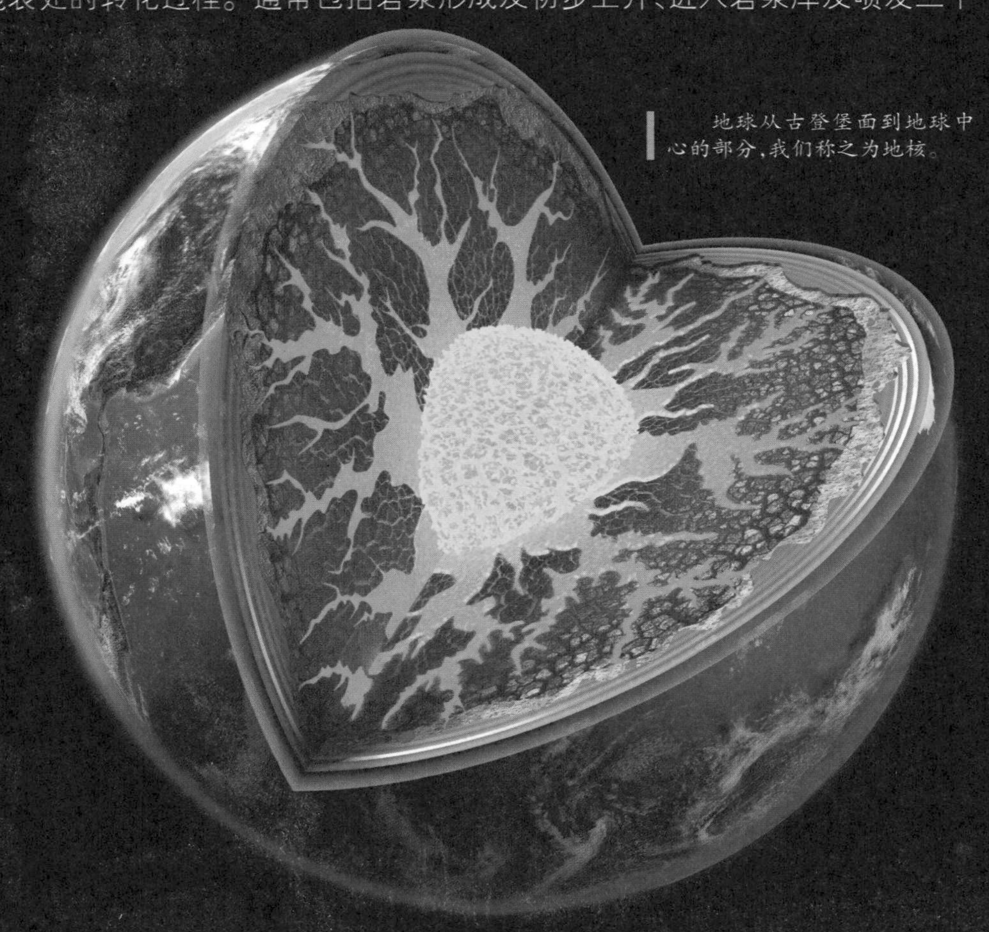

地球从古登堡面到地球中心的部分，我们称之为地核。

阶段。火山喷发的大致过程是：地球内部的热能要释放出去，必然要通过一个“出口”排到地表上去，那么火山则成为这个“出口”的最佳选择。岩浆中含有大量挥发分，同时还受到覆岩层的挤压，因此大量的挥发分溶解在岩浆中无法溢出，随着岩浆上升并逐步靠近地表时，其所受到覆岩层的压力减小，挥发分也就被快速释放出来，最后形成了我们所看到的火山喷发景象。

火山爆发告诉人们，地下有炽热的岩浆。人们还根据火山爆发喷出的岩浆把地下的岩浆分成含硅酸盐比较多的酸性岩浆和含硅酸盐比较少的碱性岩浆。但是，岩浆来自于地下并不是很深的地方，最多也不过几十到几百千米。要想知道地下更深处是什么，还要用其他的方法。

于是科学家们又找到了解地下情况的另一种信息来源——地震。

地震波的传播

地震也属于地球内部运动的一种表现形式，地震是指地壳在很短时间内释放大量能量的过程。而地震的大小程度则是根据地震引起该地区地壳运动的猛烈程度而测定的，判断猛烈程度的大小，是根据人的感觉、房屋及建筑的损毁程度和地面的破坏现象等评定的。这种震动还会引发山泥倾泻或者火山喷发等灾难，如果地震发生在海底，进一步引起海床的移动，则会发生海啸。

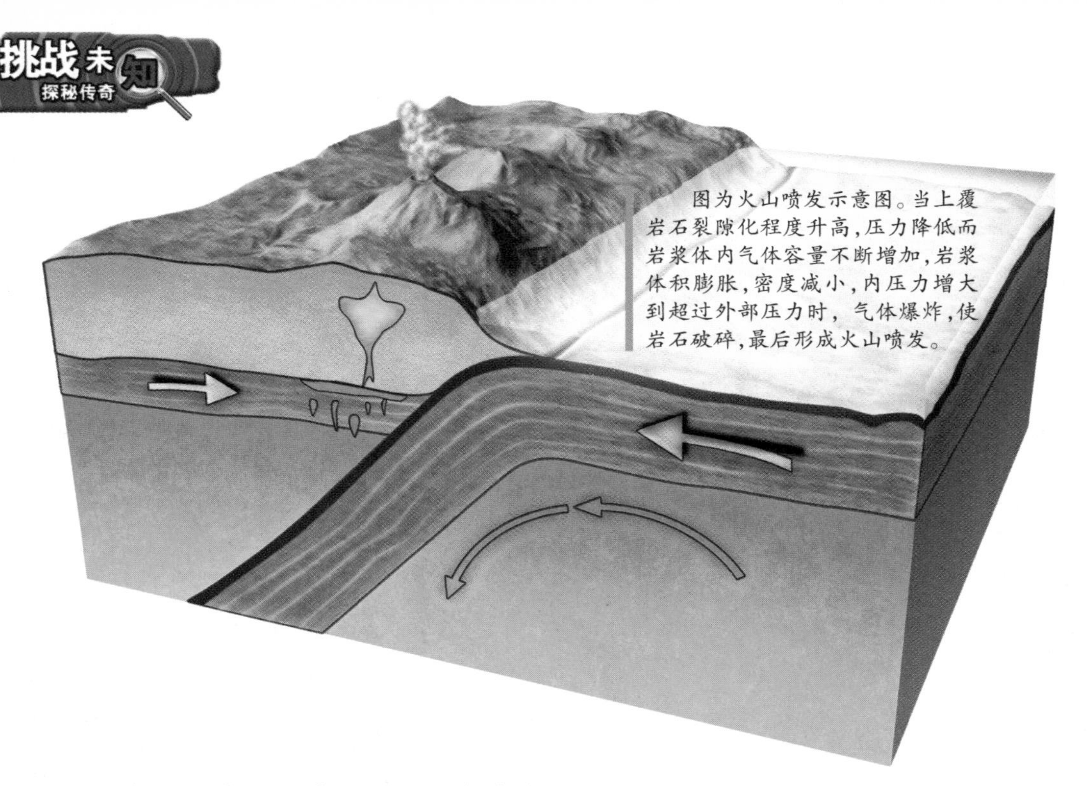

图为火山喷发示意图。当上覆岩石裂隙化程度升高，压力降低而岩浆体内气体容量不断增加，岩浆体积膨胀，密度减小，内压力增大到超过外部压力时，气体爆炸，使岩石破碎，最后形成火山喷发。

我国的地震活动区主要分布在台湾省及其附近海域、西南地区(西藏、四川中西部和云南中西部)、西部地区(甘肃省的河西走廊、青海、宁夏和新疆的天山南北麓等地区)、华北地区(太行山两侧、汾渭河谷、阴山—燕山一带、山东中部以及渤海湾等地区)、东南沿海地区，例如:福建和广东等地。近年来发生的最大规模的地震就是 2008 年 5 月 12 日的汶川地震，震级高达 8.0，给我国人民的生命财产造成了极大损失。

地球上一年内很多地方都要发生等级不同的地震。地震时产生的地震波可以在地下传播很远。地震波在地下传播时，传播速度与地层深度有一定关系。人们发现，地球内部有两个引起地震波变化的深度。一个在地下 33 千米处，一个在地下 2 900 千米处。在 33 千米深处，地震波传播速度突然加快，到地下 2 900 千米深处，地震波速度则突然下降。

为什么地震波传播速度会发生变化呢？原来，地震波传播速度的快慢与地球内部的物质状态有关。如

果是在固态物质中传播，速度就慢些；如果在液态物质中传播，速度就快些。据此，科学家判断，在地表33千米以内，一定是固态的物质，科学家称这一层为“地壳”。由33千米到2 900千米，地震波速度与在地壳内的传播速度相比明显加快。科学家称这一层为“地幔”。当地震波传到地下2 900千米以下，一直到地心时，地震波会再次减慢。于是科学家推测，这一部分可能又变成固态物质，科学家把它称为“地核”。就这样，地球被划分出地壳、地幔、地核三个圈层。

地球内部的组成元素

还有一个很重要的问题，就是地球内部都是由什么元素组成的呢？

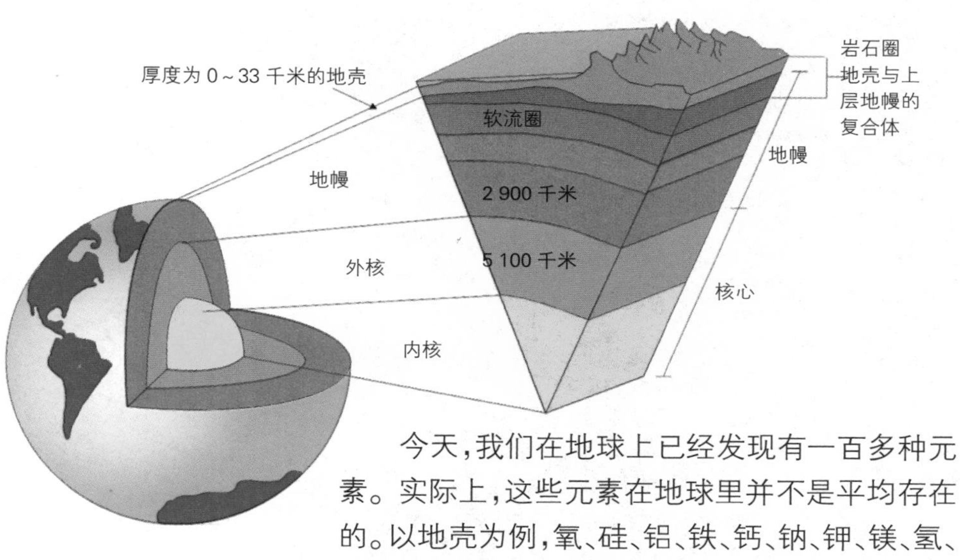

今天，我们在地球上已经发现有一百多种元素。实际上，这些元素在地球里并不是平均存在的。以地壳为例，氧、硅、铝、铁、钙、钠、钾、镁、氢、钛这10种元素占去了地壳元素总含量的99%以上。而其余的八九十种元素的含量加起来也不足1%。在所有元素中氧元素的含量最多，占地壳元素总量近1/2。其次是硅，占地壳元素含量的1/4左右。再次是铝，占地壳元素含量的1/13。这三种元素占去了地壳总量的80%。

那么，地壳以下都是由什么元素组成的呢？科学家这样推断：在地幔层，氧和硅的含量会相对减少，铁与镁的成分相对增加。在地核部分，据推测铁与镍有明显增加，所以有人把地核又叫作“铁镍核心”。

但是，以上说法都尚在推测阶段，还有待进一步的研究。

地球的年龄

我们居住的地球，自诞生以来，已有46亿年的历史了。在这漫长的岁月中，地球不断发展变化，逐步形成了今天的样貌。

开启生命之门

地球的生命史长达38亿年，而人类则只有短短二三百万年的历史。如果我们把地球46亿年的演化史看作24小时的话，那么人类的出现则只有半分钟。这不禁让我们感叹地球的发展和变迁确实是一个漫长的岁月。为了更加直观地理解地球的演变发展，我们可以以24小时作为地球的整个演变过程所需要的时间，此时，我们就会看到一幅十分奇异的演变图景。

在一昼夜的最初子夜时分，地球的最初形态基本形成。

12小时以后，在古老的大洋底部，最原始的细胞开始蠕动，从此，地球上便有了生命的存在。

地球上的大陆在最开始的时候其实是一个整体，后来因为地质变化和地球运动的缘故，整块大陆逐渐分裂，最后形成了我们现在所看到的七大洲。

1896 年，人们发现放射性元素后，才找到了一种以恒定速率变化的物理过程作为来测定地球年龄的尺度。

16 时 48 分，最初的原始细胞体逐渐发育成软体动物、海绵动物和藻类，它们在海底自由地生长着。又过了不久，便出现了鱼类这一水生物种。

21 时 36 分，恐龙诞生了，它们凭借自身的庞大身体和锋利的爪牙成为了陆地上的主宰者。

23 时 20 分，鳞甲目动物全部绝迹，大陆易主，地球成为了哺乳动物的天下。

一直到 23 时 59 分 30 秒时，人类登上地球发展的历史舞台，此时出现的是最早的猿人。

人类从原始蒙昧进入现代，在这一昼夜中只用了 1/4 秒。

自然界是在极其漫长的进化过程中逐步发展起来的，人类的发展史在这一发展过程中只占了短暂的一瞬间，所以我们对地球的了解是极其有限的，要想进一步揭开地球发展的历程还需要我们下一代人的继续努力。

旋转的地球

众所周知，地球在一个椭圆形轨道上围绕太阳公转，同时又绕地轴自转。正是因为地球不停地公转和自转，地球上才有了季节变化和昼夜交替。

地球的自转

自转是地球的一种重要运动形式。由于地球只有半个表面面向太阳，地球也在不停地做自转运动，因此就有了白天和黑夜的出现。地球围绕自转轴自西向东转动，从北极点上空观察做逆时针转动，从南极点上空观察做顺时针转动。地球的自转角速度约为 15° /时，地球表面上每个点的线速度也随着纬度的变化而变化。从地球诞生开始，它便周而复始地做着自转运动，使地球上产生白天黑夜的交替现象。然而，是什么力量驱使地球这样永不停息地运动呢？地球运动的过去、现在、将来又是怎样的呢？

地球的自转分为长期减慢、周期性变化和不规则变化三种不同类型的变化。

人们最容易产生的错觉是，认为地球的运动是一种标准的匀速运动。

其实，地球的运动在不断地变化着，而且极不稳定。根据“古生物钟”的研究发现，地球的自转速度在逐年变慢。如在 4.4 亿年前的晚奥陶纪，地球公转一周要 412 天；到 4.2 亿年前的中志留纪，每年缩短到 400 天；3.7 亿年前的中泥盆纪，一年为 398 天；到了 2.9 亿年前的晚石炭纪，每年约为 385 天；6 500 万年前的白垩纪，每年约为 376 天；到了现在，一年就只有 365.25 天。根据天体物理学的计算，也证明了地球自转速度正在变慢。科学家将此现象解释为月亮和太阳对地球潮汐作用的结果。

石英钟的发明使人们能更准确地测量和记录时间。通过石英钟计时观测日地的相对运动，发现在一年内地球自转存在着时快时慢的周期性变化：春季自转较慢，到了秋季就会加快。

科学家经过长期观测，认为这种周期性变化与地球上的大气和冰的季节性变化有关。此外，地球内部物质的运动，如重元素下沉，向地心集中，轻元素上浮、岩浆喷发等都会影响地球的自转速度。

地球的公转

太阳系中的行星，以太阳为中心天体，按照各自的旋转速度在相应的轨道上做环绕运动的过程称为“公转”。相应地，地球环绕太阳的运动就叫作“地球的公转”。一方面，地球公转还会出现四季更迭的现象。当地球围绕太阳做公转运动时，太阳的直射点会在地球的南北回归线之间来回移动，距离太阳直射点越近的地区温度越高，远离太阳直射点的地区温度则会降低。另一方面，由于地球的公转轨道为椭圆形，最远点与最近点相差约 500 万千

严格地说，地球公转的中心位置不是太阳中心，而是地球和太阳的公共质量中心。

米，因此和地球的自转相同，地球的公转也不是匀速运动。当地球向近日点（离太阳最近的点）运动时，距离太阳越近，所受到的太阳的引力就越大，速度也会变快；当地球向远日点（离太阳最远的点）运动时，距离太阳越远，所受到的太阳的引力就越小，速度也会变小。

还有，地球自转轴与公转轨道并不垂直；地轴也不稳定，而是像一个陀螺在地球轨道面上作圆锥形的旋转。地轴的两端并非始终如一地指向天空中的某一个方向，如北极点，而是围绕着这个点不规则地画着圆圈。地轴指向的不规则性，是地球自身的运动造成的。

科学家还发现，地球运动时，地轴向天空画的圆圈并不规整。这就是说，地轴在天空上的点迹根本就不是在圆周上移动的，而是在圆周内外进行周期性的摆动，摆幅为 9"。

由此可以看出，地球的公转和自转是许多复杂运动的组合。

地球还随太阳系一道在银河系中运动，并随着银河系在宇宙中飞驰。地球在宇宙中运动不息，这种奔波可能自它形成时便开始了。

就拿现在地球在太阳系中的运动而言，其加速或减速都离不开太阳、月亮及太阳系其他行星的引力。人们一定会问，地球最初是如何运动起来的呢？存在着所谓第一推动力吗？未来将如何运动下去呢？其自转速度会一直变慢吗？

关于地球自转的猜想，早在中国的战国时代就有记载，《尸子》一书中曾记载过“天左舒，地右辟”的论述，而对于这一自然现象的证实并被人们广泛接受则是在1543年哥白尼的日心说提出之后。

地球运动的第一推动力是否存在至今还只是一种推断。牛顿在总结发现的三大运动定律和万有引力定律之后，曾尽其后半生精力来研究、探索第一推动力。他的研究结论是：上帝设计并塑造了这完美的宇宙运动机制，且给予了第一次动力，使它们运动起来。对此，现代科学给予的回答是否定的。那么，地球乃至整个宇宙的运动之谜的谜底究竟是什么呢？这恐怕还要有待科学家的不断研究了。

目前,人类已经向太空发射了很多卫星,试图通过卫星观测来了解更多的奇异现象并加以研究。

地球的 各种奇怪现象

最近法国科学院发表的研究成果表明“一天”的时间正在缩短,这是为什么呢?这是因为最近地球自转的速度在加快,所以一天的长度在缩短。科学家研究发现自1974年以来,地球上每天都会缩短0.001秒。

缩短的“一天”

巴黎国际时间局的科学家马尔丹·梵塞尔和贝尔那·基诺为了开发人造卫星的计划,接受了美国国家航空航天局和帕萨迪纳火箭推进研究所的委托,通过对地球自转的调查中他们发现了以下科学数据。

面对“一天”时间正在缩短这个现象,科学家从不同的角度进行推测。有科学家推测:“也许是在3.2万米的高空,循环的气流在变化的缘故。”因为最近太阳的活动开始了活性化现象,因此导致大气层也发生了一定的变化。

每天缩短0.001秒,三年便会慢一秒以上。如果这样计算几十年、几百年、几千年甚至上万年的话,那么就一定会有白天黑夜倒置的一天。

如果地球上的白天与黑夜颠倒了，那么地球上的生物以及人类的工作生活将会受到极大的影响。

相信“地球是平的”

美国现在有一个团体，名叫“国际地球平面研究协会”，该团体的会长名叫查理·约翰逊。他们认为地球像蛋糕一样完全是平的。地球的中心点是在北极，而南极就仿佛蛋糕的边缘一样，竖满了冰壁。对此，人类绝对无法翻越。

同时，他们还认为地球是静止不动的，在他们的观念中，太阳跟地球保持着同样的高度，围绕着圆板形的地球旋转，忽近忽远，但看上去却是升上沉下。至于当船在地平线上消失，地球看上去是个圆体的情况，则只是人们眼中的一个错觉而已。

他们认为人类首次登上月球的伟大壮举，其实是从人造卫星上拍摄到的地球照片。这只是美国和苏联精心设计的一个骗局，就是这场骗局欺骗了全世界人民的眼睛，使人产生了登月计划成功的错觉。

然而事实真的是如此吗？我们也不得而知。要想获得真正的答案还需要更多的科学依据和更高的科技水平，相信在不远的将来一定会得到我们想要的答案。

还有一个“地球”吗

在茫茫的宇宙中，地球可能是唯一存在生命的行星。自从人类诞生的那天起，人类就没有停止过探索宇宙、寻找地外生命的脚步。世界各国的科学家也一直在进行寻找地外生命的艰苦探索。

地球生物的生存环境非常理想，地日距离适中，地表平均气温15℃，存在大量生命之源——液态水。地球大气中含有78%的氮、21%的氧、少量的二氧化碳和水汽等。氧是高等生物维系生命之本，在太阳系其他行星上尚未发现有如此大量的自由氧。因此要找到另外一颗存在生命的“地球”，条件是非常严格的，而且在生命演化过程中，被绕行的恒星必须不断发光，使之得到辐射能量。

英国天文学家戴维·休斯估计，仅银河系就有600亿颗行星，其中有40亿颗与地球相似。潮湿且湿度适宜的行星，可能是孕育生命的温床。

天琴座的织女星

恒星周围形成原始行星系星云的可能性很高，但是由于我们目前受观测条件的限制，只能找到靠近太阳系的亮的恒星，因此要碰到带有行星的恒星，这样的可能性不太大。在离太阳81.5光年的范围内有近三千颗单体恒星，其中有些大质量恒星的寿命不超过一亿年，如此短的时间内很难演化出生命。如天琴座的织女星等周围均有尘埃圆盘，即使有行星也难以孕育生命。

如今，寻找地外文明的第一步已经迈出，并开始寻找第二个太阳系，进而发现类似地球的行星。

太阳系以外的行星距离我们有50—1 000光年之遥，相对于它们所环绕的发光天体的光辉来说，这些行星就显得暗淡无光了。人们无法到达那里，只能竭尽所能通过间接途径对其进行研究。

绘架座的β星

1981年11月10日的夜晚，科学家们用直径3.6米的望远镜向从前很根据 2013 年 12 月的探测资料表明，火星上发现已经干涸了的湖泊，或有生命出现的证据，那么火星能否成为人类的第二家园呢？这一切还需要科学家们的进一步研究。

少光顾的绘架座方向观测。在距地球 52 光年的绘架座突然发生了不同寻常的情况，一颗“年龄不大”的恒星的亮度曲线下降，在以后的几天中，亮度值又升至正常。

这颗恒星就是绘架座的 β 星。天文学家猜测，有一颗绕 β 星运行的行星遮住了望远镜，造成 β 星亮度的降低。1983 年欧洲空间局发射了一颗装备了当时最先进的远红外照相机的科研卫星。它从 β 星观测到了“过剩”的远红外射线——有大量的宇宙尘埃存在。

2015 年 7 月 24 日，美国国家航空航天局公布了一个新发现：开普勒空间望远镜发现了迄今为止最类似地球的一颗行星。这颗行星距离地球 1 400 光年，它可能拥有大气层和流动水，并有存在生命的可能。科学家们把这颗星球称为 kepler-452b，不过，由于缺乏关键数据，现在不能说它就是“另外一个地球”，只能说它是“迄今最接近另外一个地球”的系外行星。

地球
水的渊源

飞上太空的宇航员在返回地面描绘地球时曾说，与其把我们生活的这颗星球称为地球，还不如称之为“水球”。据统计，全世界海洋总的表面积占地球表面积的71%。

大海中的水从哪里来

人们普遍认为，大海中的水从根源讲来自于它“本身”。每年，有一亿多吨的水从海洋的表面蒸发到空中，这些水蒸气中的很大一部分会在大海上空凝聚成云再变成降水，落回到大海中，水蒸气会随着风飘到陆地上空，变成雨雪后降落到陆地上，流进江河湖泊，再随着江河流回海洋。大海中的水就是这样不断地重复着这一循环往复的过程，所以就不会有干涸的一天。

大海的形成

许多学者认为，水是地球原来就有的，是与生俱来的。在地球形成初期，地球水就以蒸汽的形式存在于炽热的地心中，或者以结构水、结晶水等形式存在于地下的岩石中。

那时的地表温度较高，水分大多以气体的形式存在于大气层中。随着地表温度逐渐下降，地球上开始有狂风暴雨、电闪雷鸣，降水汇集成溪流通过千沟万壑向原始的洼地集中，形成了最早的江河湖海。在地球形成最初的5亿年，火山众多且活动频繁，大量的水蒸气及二氧化碳通过火山喷发出来，冷却后便逐渐形成河流、湖泊和海洋，即所谓的“初生水”。

可是，最近科学家发现，火山活动所释放的水是新近融入地下的雨水，而并非“初生水”，这无疑是对“地球之水与生俱来”理论的质疑。

宇宙中的寻找

1961 年，科学家托维利提出是太阳风带来了地球水，即太阳风不是流动的空气，而是一种微粒流或带电质子流。

根据托维利的计算，地球自诞生至今已从太阳风中吸收了多达 17 亿亿吨的氢，若把这些氢和地球上的氧结

水是地球上含量最丰富的一种化合物，地球面积的四分之三都被水所覆盖，地球上水的总体积约有 13 亿 8 600 万立方千米。

由于地球人口分布与淡水资源分布不成比例，加之水污染和使用过程中的浪费行为，世界上许多国家和地区出现水资源短缺的情况。

合，就可产生153亿亿吨水。这个与现今地球上水的总量145亿亿吨相接近。可有人却提出质疑：若单凭太阳供给而自身没有来源的话，地球不可能维持现有的水量。

对地球水的来源问题，美国衣阿华大学的天体物理学家路易斯·弗兰克和由他率领的研究小组提出了自己的理论：地球上的水来自于外太空的冰彗星。

该研究小组指出，不仅是地球上的海洋，就连太阳系其他行星和卫星上的水，都很有可能来自迄今为止尚未被人们观测到的由冰组成的小彗星。美国于1981年发射了一颗观测地球大气物理现象的"动力学探索者1号"卫星。在分析卫星发回地面的数千张观测资料时发现，在橘黄色的卫星图片背景上总有一些黑色的小斑点，弗兰克称之为"大气空洞"。它们的直径一般有十多千米，个别的甚至达四五十千米。每个小黑斑都是突然出现，经过大约2—3分钟后又消失得无影无踪。

奇怪的小黑斑

科学家对大气中的分子进行研究后发现，在众多的分子中，只有水分子才能吸收频带足够宽的波长而呈现黑色。人们相信，那些黑斑是高层大气中由大量分子聚集而形成的气体水云所构成的。

弗兰克把这一研究结果同彗星研究成果放在一起进行综合分析后认为，许多小彗星不断地把水从高层注入大气，从而形成了小黑斑。由大量的冰块，以及少量尘埃微粒混合形成的彗星，在刚接近地球时，被地球引力肢解，太阳的能量又使其汽化成较大的水气球或是绒毛状的雪，再化作雨降至地面，而其中的一部分则进入大气，形成了卫星照片上的小黑斑——彗星云团。

同样地，这一理论也可以用来解释其他一些未解之谜。例如，大量的小彗星倾泻而下，导致地球气候剧变，使恐龙及其他一些物种灭绝。小彗星理论还能解释火星上那些像是水流冲刷形成的河道等等无法解释的问题。

激烈的争论

弗兰克的小彗星理论，引发了美国科学界一场异常激烈的争论。科学家们虽然没有对卫星图像上的那些黑点或带状物表示异议，但他们并不认同弗兰克给出的这些水将全部降落到地球上的观点。

不久以后，在美国弗吉尼亚技术大学和约翰逊航天中心的科学家们联手打开的一块陨石中，竟发现里面含有少量的盐水水泡！这无疑是对弗兰克彗星理论强有力的支持。

负责这项研究的科学家是米切尔·佐伦斯基。这块陨石于 1998 年坠落在美国得克萨斯州的莫纳汉斯，并在被发现后 48 小时内送到约翰逊航天中心。人们在一个空气净化室里将陨石打开后，惊奇地发现陨石里布满奇怪的紫色晶体，化验结果让人震惊：竟然是盐！而且这些神秘的盐晶体里竟然有水！

科学家们由此认定，这些水的唯一来源就是产生陨石的天体或者包含盐分冰体的彗星。

地球曾经有过光环吗

17 世纪，科学家伽利略首先从天文望远镜里看到土星周围闪耀着一条明亮的光环。所以人们长期以来一直认为土星是太阳系中唯一带有光环的行星。

天王星也有光环

1977 年 3 月 10 日，美国、中国、澳大利亚、印度、南非等国的航天飞行器，在观测天王星掩蔽恒星的天文现象时发现了一个奇观：他们看到天王星上也有一条闪亮的光环。

从地质学角度来说，大约在 3 亿 5 000 万年前的一次碰撞期中，地球很可能拥有一圈短期性的光环，大约持续了十万年甚至数百万年之久。

地球光环推想

随着太阳系中其他大行星光环的相继发现，科学家们首先提出了“地球上曾经有过光环”的大胆设想。他们认为地球和其他行星一样，同在太阳系中绕太阳运转，也具备产生光环的条件。这些科学家在地球上找到了许多地外物质，他们推测这些物质可能就是地球光环的“遗骸”。

美国有一位叫奥基夫的天文学家，他说：“6 000万年前的始新世，大量的玻璃陨石碎块由于月球上的火山喷发而被抛到地球上，其中一部分变成陨石雨降到地球表面，另一部分则进入地球外层形成了光环。”奥基夫还推测，在那个时代，光环形成于赤道上空，它在地球上投下了淡薄的阴影。据估算，这个阴影遮蔽了地球 1/3 的阳光，使得被遮蔽的地方在冬天变得更冷。这种假说较为合理地回答了 6 000 万年前地质时代的气候问题，解释了当时地球上冬天气温异常寒冷，而到夏天气温又较正常的奇怪现象。

在地球早期的历史中，地球的光环是由岩石碎片组成的。

地球将来会有光环吗

根据奥基夫的推断，如果月球火山还保持活动的话，地球将来还会再度形成光环。

地球光环的物质组成

对这位美国学者的说法，学术界的观点一直未能达成一致，许多人都反对他的观点。但这些反对者中，许多人对“地球将来还会有光环”的预见并没有异议，只是在形成地球光环的物质上有不同意见。有人认为形成地球光环的物质，并不是奥基夫所说的由月球上火山喷入地球轨道的熔岩，而是在地球强大引力作用下月球崩落下来的碎块。

根据天文学的理论计算和对古生物的测定，在大约 5 亿年前的奥陶纪，地球上的一年有 450 天左右，每昼夜只有 21.4 小时，到了距今约 4 亿年的泥盆纪，一年仍有 400 天左右，每昼夜约合 23 个小时。这说明在漫长的地球发展史上，地球自转速度逐渐减慢。造成这种现象的原因，专家们认为是潮汐作用。

地球产生光环的方式是撞击。天文学家提出过地球曾经历过一段长期的彗星与小行星的轰击的说法。

潮汐

关于地球光环由来的另一种说法是：越来越多的太空垃圾堆积在地球上空，最后形成了一个类似地球光环的环状物。

潮汐是自然界由于天体对地球各部分的万有引力不等而引起的潮涨潮落现象。引潮力的大小与天体的质量成正比，与天体离地球距离的立方成反比。因此，月球的引潮力是太阳的2.2倍。我们知道，月球在天空中每天东升西落，它在地球上的潮汐隆起（太阴潮），也是从东向西运转的。这种运转方向正好与地球自转方向相反，潮汐和浅海海底的摩擦，对地球自转起抑制作用，从而使得地球自转逐渐变慢，自转周期逐渐变长。科学家通过计算，推测出地球的自转周期每百年大约增加0.001 6秒。由于地月系统是一个能量守恒系统，地球自转速度的减慢，破坏了这个系统原来已有的平衡状态，于是导致了地月距离的逐步拉大，从而建立一种新的

平衡，这种平衡形式的不断破坏和重建如果持续下去，那么在遥远的将来，势必会有地球的自转周期和月球的公转周期相同的一天，这样，月球在地球上的潮汐隆起也就停止了。但是这个时候，太阳在地球上的潮汐隆起作用仍在进行，专家们称这种作用继续增大为太阳潮。由于太阳潮也是自东向西传播的，这种作用使地球与月球的距离继续增大，再过一段时间，地球上的一天将长于现在的一天。于是又出现了与过去形式相反的太阳潮，由以前的地球自转周期短、公转周期长，变成了自转周期长、公转周期短。换句话说，就是以前的太阳潮时期是一月等于 30 天，新的太阳潮出现后过一段时间就是一天等于几个月了。但这时的月球自转方向不是自东向西的周日视运动，而相反却是自西向东的运动了。那时，人类再看到的月亮可不是东升西落，而是西升东落了，“日月平升，东升西落”的自然现象可能也一样成为那时人们流传的远古神话了。

在那个时候，由于月球周日视运动方向的改变，使太阳潮的运转方向与地球的自转方向一致，不仅消除了潮汐和浅海海底的摩擦引起的对地球的制动作用，而且方向一致产生的极大惯性加速度，使地球如顺水行舟，自转速度变快，自转周期变短，这样月球和地球的距离将再次缩短。有人曾进行过推

关于“地球光环”的秘密，至今还没有一个准确的定论，究竟是行星撞击还是太空垃圾会产生“地球光环”，我们也不得而知。

由于日、月引潮力的作用，地球的岩石圈、水圈和大气圈会产生周期性的运动和变化，我们将这种现象称为“潮汐”。

算，当地球和月球两者之间的中心距离只有 1.5 万千米的时候，那时的一个月只有 5.3 小时，而一天却有 48 小时。强大的引潮力能把月球撕裂成一块块的巨大碎片，散布到地球的外层轨道中去，那时地球的外层空间里可能就会出现一圈明亮的光环。

地球光环问题

地球将来还会出现光环，科学家根据潮汐作用引起的地球自转速度、方向和月球与地球距离周而复始的变化，推出的这个假想，看起来似乎是一个神话，缺乏令人完全相信的说服力，况且这种推想缺少证据确凿的科学基础。但人们现在也很难拿出足以否定它的证据。按照这个假说，地球光环的再度出现将会是相当遥远的事，显然谁也没有时间等这么久。我们只能通过宇宙卫星资料去寻找更多解决这个问题的证据，然而完全解决这个问题恐怕不是一个短时间的事情。

“地球光环”问题已经被拥有高技术的国家列为重点研究课题，我们相信人类总有一天会揭开这个谜底的。

第一部 世界地图集

声名显赫的托勒密(约 90—168 年)，是古希腊的天文学家，他有两本天文学成名之作：一本是《地理学指南》，一本是《天文学大成》。这两本书都曾对天文学领域产生过重大影响。

托勒密的成名作

约公元 140 年，托勒密总结并发展了托勒密地心体系。该体系主张每一个行星都沿着它自身的本轮运动，而行星的本轮中心又沿着均轮绕地球运动。这一本轮均轮模型在当时具有一定的数学基础，被当时大多数人所认可，并能够满足当时的时间需要。而且，中世纪的教会在当时的社会占主要地位，此学说又被教会所利用，导致该学说支配了西欧长达 1 500 年之久，从一定程度上阻碍了天文学的发展。

但是在当时，托勒密的《地理学指南》发表后，却被奉为人类历史上第一本世界地图集，而根据这本书所绘的地图直至 1406 年才出版。托勒密的《天文学大成》共 13 卷，论述天文学知识，当时也被公认为是天文学方面最权威的著作，直到 16 世纪波兰天文学家哥白尼发表日心说，才把他的地心体系学说彻底推翻。

牛顿反驳托勒密观点

托勒密的地心体系学说以地球居中央不动，日月星辰绕地球运行的概念为基础。美国巴尔的摩市约翰斯·霍

普金斯大学的天文学家罗伯特·牛顿，对托勒密的天文学家地位提出了质疑。牛顿的结论直截了当，他说"天文学家"托勒密根本不是天才，而是骗子。

牛顿撰写了《托勒密的罪状》一书。书中指出，托勒密为支持自己的理论，不惜捏造观测结果，甚至篡改较早时期天文学家的发现和观测记录。

牛顿宣称，托勒密有一次甚至报道了一项没有人能做得到的观测，这等于宣布自己是个骗子！托勒密说这项观测是古代天文学家喜帕恰斯做的，有关于公元前200年9月22日下午6时30分的一次月食。但是我们知道那一天的月亮是在托勒密记载的时间半小时后才升起来。仅凭这一点，牛顿就十分肯定托勒密是在耍把戏了。

说来奇怪，能进一步证明托勒密是个江湖骗子的依据却不是误差，而是使人难以相信的高度准确数值。牛顿指出，有经验的科学家全都明白，不管是在实验室内还是在实验室外观测得来的数值，都一定会产生误差。这可能是由于观测时人站的位置与测量仪器的角度造成的；或由于测量方法不太妥当；更可能是测量仪器不够精密。科学家要克服这些困难，唯有进行若干次同样的测量，然后取其平均值。如果每次测量都尽可能做到最准确，那么误差就会互相抵消。因此，原始数值必然会比正确数值大一些或小一些，这种模式和大小可以用统计学来预测。但牛顿推断托勒密的计算常常没有这种模式。

托勒密记录的月食开始时间与准确的时间大概有15分钟误差。一部分原因是他那个时代还没有精确的计时器，也可能是地球投射出的阴影四周很模糊，使观测者难以精确测定什么时候阴影投射到月亮边缘。如果托勒密诚

托勒密全面继承了亚里士多德的地心说，并利用前人积累和他本人经过长期观测所得到的数据，写成了8卷本的《至大论》。

实记录他观测到的时间，那么他计算的月亮移动模式至少应该有1/4度的偏差。然而他计算出来的数值，误差竟然不到1/6度。而碰巧达到这个精确度的概率是六万四千分之一，如果再考虑到《至大论》中其他不大可能通过观测而得的精确数值，托勒密的操守就更加值得怀疑了。

牛顿说唯一可能的结论是，托勒密以个人的假设为基础，推出能支持他的说法所需的数值，然后宣称确实是从观测中取得这样的数值。他对所用观测仪器及观测方法进行了详尽无遗的描述，也许只是为了要使他的大骗局更加可信罢了。

托勒密提出的偏心理论：地球不是在所谓地壳的正中央，而是稍有偏离，这个解释就足以使古代天象观察者满意了。

此学说流传下来，很久都没有人提出不同的见解。直到以哥白尼（1473—1543年）为代表的近代天文学家建立行星围绕太阳而转的学说后，托勒密的说法才被完全否定。

霍皮斯部落的传说

我们的地球是在渐变和灾变中演化过来的。渐变是缓慢地变化，是宇宙中所有星体共有的规律，也是地球自身演变的基本规律。

渐变与灾变

自 20 世纪 80 年代以来，宇宙天体碰撞学说风行一时。科学家开始相信，在地球历史中所发生的重大事件都与天体碰撞密切相关，这些“事故”造成了地球环境的灾变，从而导致了生物大规模的灭绝。这种灭绝又为生物的进一步进化铺平了道路，一些生命消失了、衰落了；另一些生命诞生了、进化了。

凡是在历史文明悠久的民族之中，总会流传着一些神话传说，这些以口相传的古老传说，充满了神奇的魅力。而且，在科学研究中，它们又具有一定的参考价值。那么，如何看待下面这个到处流浪且行将消亡的古老部落留下的传说呢？

这个古老部落就是中美洲印第安人中的霍皮斯部落，他们对自己部落的流浪史及宇宙的复杂情况有着惊人的了解。在他们的编年史里，记载着地球的三次特大灾难：第一次是火山爆发；第二次是地震以及地球脱离轴心而疯狂地旋转；第三次就是 1.2 万年前的特大洪水。

令人疑惑不解的是，这些传说竟与科学家的某些推测乃至后来发生的事实惊人地吻合。

霍皮族是美国联邦政府认可的美洲原住民部落，主要生活在亚利桑那州东北部方圆 2 531.773 平方千米的霍皮族保留地中。

如 1948 年，电气工程师休·奥金克洛斯·布朗所提出的一种假设，他们认为假如地球两极中有一极的冰覆盖重量突然变大，地球的旋转就会发生颤动，最后便会离开轴心狂乱地转动。这与霍皮斯部落的地球脱离轴心的传说不谋而合。可是，霍皮斯部落怎么会有这种认识呢？

神话与传说

至于霍皮斯部落关于那场特大洪水的记载，也与事实相吻合。而且，类似的传说也有很多，如《圣经》中幸运的诺亚方舟；在印度史诗《玛哈帕拉达》中逃脱洪水灭顶之灾的佩斯巴斯巴达；中国的大禹治水；哥伦比亚神话中在地球上挖洞才避免被淹死的浓希加……

事实上在 12 000 年前，的确发生了一场世界性的特大洪水。那是由原因不明的气候突变，使第三冰期的冰川开始融化造成的。当时全球水位上升，淹没了大西洋、地中海、加勒比海及其他地区的陆地和岛屿，形成了海峡，海底火山爆发使部分陆地下沉，因而形成了世界性的特大洪水。

关于这次洪水，许多岩石给我们提供了有力的佐证。十几年前，苏联科学家在亚速尔群岛北部海水下 2 200 米深处取出的岩石标本，经鉴定是 1.2 万年前在空气中形成的。19 世纪，人们在亚速尔群岛的一次海底疏浚工程中，从水下捞出了一些玄武玻璃块，这是一种在大气压力下的空气中形成的玻璃化熔岩。1956 年，斯德哥尔摩国家博物馆的马莱斯博士及柯尔勒博士，在北大西洋 3 600 米深处的硅藻上发现了淡水。经研究，2 000 年前，这里曾经是一个淡水湖。科学家们还证实，巴哈马群岛被淹部分的岩石，在 1.2 万年前，曾经在空气中存在过。

当然，仅凭以上的证据来证明霍皮斯部落的传说完全属实还是尚显不足。假若其中某些部分是事实，那如此落后的一个部落何以能有这样的知识？这的确是一个谜。

地球的未来

日本东京技术学院的一项研究称，地球的海洋将会在10亿年后完全干涸，地球表面的所有生物将会消失，地球的命运将同火星一样。

当恒星演变为“红巨星”的时候，就会将它周围的行星吞噬掉，这说明地球有一天很可能会被太阳吞噬掉。

科研报告

这项研究的负责人——东京技术学院地球及自然科学教授村山成德在研究报告中说：“根据目前水分消失速度加快的情况来看，地球表面的水大约将在今后10亿年内消失殆尽。”村山指出，从7.5亿年前开始，大量海水从外围流向地幔，导致今天大陆露出水面，这就为大部分大陆为何在7.5亿年前都沉睡于海底带来了新的解释。

生命的尽头

如果上述理论正确，那么也就进一步解释了那段时期大气中氧的含量大大增加的原因。在石头上生活的制氧浮游生物，因大陆露出水面而暴露在空气中，释放出大量氧气进入大气层，而

充足的氧气则逐渐孕育出不同的生命形态。

然而，地球表面的水量从那时起便不断减少，这种情况也意味着这个星球上的生物最终将成为历史。

柳暗花明又一村

村山认为，所有在拥有水源的星球上生存的生命体，将不可避免地重复历史——在水分完全消失后走向“灭绝”。地球终会干涸的“预言”绝不能说明地球将面临所谓的“世界末日”。首先，10亿年实在是太漫长了，漫长得令当今世人无法想象；其次，以地球人类拥有的高度智慧，相对于10亿年而言，人类或许能迅速在地球以外找到或创造新的定居点，目前人类所掌握的空间技术已经开始着手描绘这一蓝图了。所以，如果真的有一天地球水源干涸，地球环境变得不再适合人类生存，人类恐怕早已在别的地方继续生存繁衍了。

迄今为止,太阳系中共发现约70万颗小行星,但这可能仅是所有小行星中的一小部分,其中只有少数小行星的直径大于100千米

地球 最危险的敌人

木星与彗星的大碰撞已成为历史,留给地球的警示与启迪却发人深省:地球会遇上这种灾难性碰撞吗?可能性有多大?像彗星、流星体这样的不安分子到底有多少?它们对地球能构成威胁吗?

在这些危险因素中,小行星也是不可忽视的角色。

1801年元旦,意大利天文学家皮亚齐在火星和木星轨道之间发现了新行星,从此揭开了人类发现和研究小行星的序幕。从第一颗谷神星、智神星、婚神星、灶神星……整个19世纪就发现了四百多颗小行星;到了20世纪,小行星的发现愈加频繁。到目前为止,天文学家已发现多达5 000颗小行星,其中已测算出运行轨道并编号的近3 000颗。据估计,现代天文望远镜所能观测到的小行星还不到总数的千分之几。

不安分子

小行星为数众多，但体积和质量都很小。最大的谷神星直径只有 770 千米，还不到月球直径的 1/4，体积不足地球体积的 1/450。1937 年发现的赫梅斯小行星，直径不足 1 000 米，只有泰山的一半高。

浩浩荡荡的小行星军团多数都集中在火星和木星轨道之间的小行星带上，越出这个范围的极少。但也有少数“不老实者”，沿椭圆轨道运行，远时可以跑到距木星很远的空间，甚至跨过土星轨道之外；近时却大踏步走进地球轨道里侧，甚至深入到金星轨道之内，变成“近地小行星”，成为太阳家族的不安定分子，而对地球来说就很可能是潜在“杀手”。

根据专家的看法，直径大于 1 000 米的小行星以及超过 600 米的彗星，原则上都有可能成为地球的潜在敌人。据计算，目前宇宙中直径为 1 000 米的“危险分子”大约有 1 200—2 000 颗，而太阳系中，直径 100 米的彗星多达 100 万颗，对地球的潜在威胁很大。

那么近地小行星与地球碰撞的概率如何呢？各方面估计不尽相同，出入也很大。有人估计，平均几十万年或几千万年才发生一次，这对地球 46 亿多年的漫长岁月而言，可以用“司空见惯”来形容了。

——每年都发生的可能性为五十万分之一。

——今后 100 年的可能性为十万分之一。

——人的一生中的可能性为二十万分之一。

彗木碰撞的概率为每 1 000 万—8 000 万年一次。

天文学家的预测

日本科学家吉川真通过分析得知，直径为 1 000 米以上的小行星撞击地球的概率为 12 万年一次，今后 2 000 年，将会有五六个小行星处于和地球较为接近的状态，最近时仅相距 15 万千米，约为月地距离的一半。

所以，天地冲撞也许并不是危言耸听，这已引起天文学家和公众的广泛关注。

目前，从这一角度看，一旦小天体突袭地球，人类应抢先预报，测算其轨道。对此，中国天文学家预测，至少在未来 100 年之内，地球是平安无事的。

地球受到过陨石撞击吗

最近，英国科学家向政府提交了一份报告，建议政府积极采取预防措施，防止太空的陨石撞击地球。

陨石的形状各异，其中最大的陨石是吉林1号陨石，重1 770千克。最大的陨铁是纳米比亚的戈巴陨铁，重约60吨。

严峻的现实

英国研究天体运行的科学小组称，来自太空陨石的威胁并不是骇人听闻的幻想，而是一个非常现实严肃的科学问题。这项报告是由在几家太空机构和政府研究协会工作的哈里·阿特金森和英国前驻联合国代表克里斯宾·蒂凯尔，以及伦敦学院戴维·威廉姆斯教授联合发表的。这项报告声称2000RD53小行星与地球的距离是月亮与地球距离的12倍，其直径达300—400米。这颗小行星会以“极近”的距离掠过地球。

陨石的威胁

天文学家预测说，大约会有1 000颗直径在1 000米，或者更大的行星沿着它们的运行轨道掠过地球。

大约6 500万年前，有一颗大约直径10千米的行星撞在地球上，导致了恐龙的灭绝。科学家称，来自太空陨石的威胁对我们来说必须予以认真考虑。

科学家们研究推测，大约每一万年就有一颗直径100米、相当于百万吨级炸药的太空物体撞向地球。每10万年就有一颗直径1 000米大小的太空物体撞向地球。按上述推理发展下去，如果直径10千米的行星撞在地球上就能导致恐龙灭绝，那么直径1 000米大小的太空物体撞向地球，后果也将会是难以想象的。

“一线生机”

尽管陨石的坠落会给地球带来毁灭性的灾难，但科学家们对陨石本身却倾注了高度的研究热情。美国航天局的一位科学家对 30 年前坠落在澳大利亚的一颗陨石进行了研究，发现它里面含有石化微生物。另外，有科学家使用新的技术在陨石中也发现了这种石化的外星生命。

他们进一步研究认为，这种微生物是能够在极端环境中存活的细菌。

他们由此推断陨石来自的星系可能存在生命。

科学家们采用电子显微镜拍摄的这块陨石的照片表明，这种"外星生命"在结构上与生活在温泉或者南极洲冰面下的微生物相似。

马歇尔航天中心空间生物学小组负责人理查德·胡佛教授说："在默奇森陨石中有大量的微生物化石。如果我们是在地球的岩石中发现这些东西的，那么整个科学界都会认为这无疑就是微生物的化石。我个人认为这是生命起源于陨石的强有力的证据，我们找到了有关细胞壁的证据，这些微生物与蓝细菌和紫硫细菌相似。"

科学界的这些研究表明：小行星撞击地球可能是生命起源的原因，也可能是地球毁灭的原因。究竟真相如何，还有待于科学家进一步去探索研究。

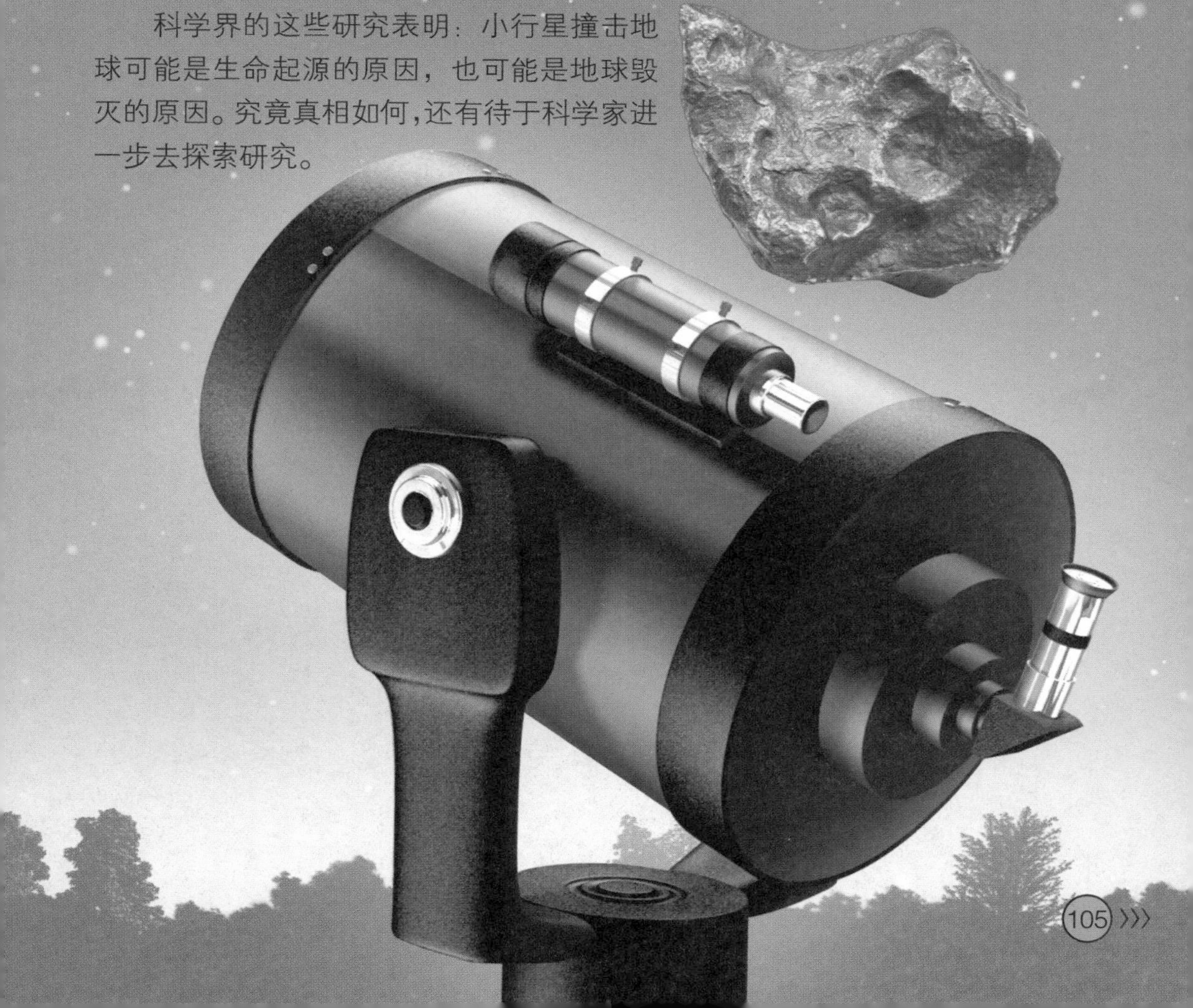

地球如何面对
灭顶之灾

人们对发生在 1994 年 7 月 16 日的苏梅克－利维 9 号彗星与木星相撞至今记忆犹新，那惊天动地的相撞使木星变得遍体鳞伤，每一个彗核撞击所发出的能量都相当于几十万个氢弹同时爆炸。人们不禁要问：过去是否有彗星与地球相撞并产生了一定影响的情形呢？

相撞的结果

人们推测在地球的青年时代，曾有一个像火星般大小的天体撞击过它，导致地球熔化并向地球轨道中喷溅出大量的碎屑，这些支离破碎的碎屑凝结在一起形成了月球。其实，地球比月球遭受了更频繁的撞击。正是 39 亿—46 亿年前的彗星群的撞击才给地球带来了碳、氢、氮、氧等关键元素，才使地球上的生命得以出现。

可是，相撞带来生命希望的同时也给地球带来了毁灭。6 500 万年前，一个可能比哈雷彗星还要大的天体出现在墨西哥尤卡坦半岛的缘海地区，在那里撞出了一个方圆 170 千米的大洞，撞击还使大大小小的碎片冲天而起。

当这些数不清的碎片如“小导弹”般开始下落并进入大气层时，闪烁的火流星布满天空，烈火烧光了地球的表面。大火熄灭后，便是无边的黑暗，而且气温也急剧下降，火灾产生的大量二氧化碳使地球在严寒持续数月之后，出现了几个世纪的温室效应，许多物种都在这一气候剧变的时期灭绝。

那次古老的大灾变说明，彗星的撞击会给我们生活的地球带来巨大的影响。所以，权威天文学家的研究结果经一些报刊转载后，引起了人们的极大忧虑。

为了消除人们的忧虑，另外一些科学家提出：彗星过近日点的时间会提前或推迟，预报位置和亮度也会出现较大偏差，不一定完全正确。例如人们熟悉的哈雷彗星，它的回归期平均为 76 年，可也见过 75 年或 78 年的提前或推迟的回归期。

那颗将与地球相撞的塔特尔彗星于 1862 年被发现，并于 1992 年首次回归，回归周期约为 130 年。斯蒂尔预报它下次回归的年份是在 2126 年，比这次回归提前 6 年。有些科学家提出质疑，仅用一次回归的数据，便得出它会于百年后与地球相撞的结论显然证据不足。然而，值得说明的是，地球每 10 分钟便运行出一个地球的距离，如果相碰也仅有 10 分钟的时间，要预报精确到某日（24 小时），仅有 6‰的可能性。

彗星是指具有独特的云雾状外形，在进入太阳系后，自身的亮度和形状会随着与太阳距离的变化而变化的围绕太阳运动的天体。

幸运“逃脱”

为了找出彗星与地球不会相撞的确切证据，科学家们指出，牛顿发现了万有引力定律，打下了经典力学的坚实基础。但是，天体力学中的“行星运行的起源”和“行星井然有序的排列”问题是牛顿定律所不能解释的，牛顿无奈之下将其解释为“神的第一次推动”和“神的安排”。上述难题至今没有得到合理的解释；还有，浩瀚宇宙中无数的恒星也是安定团结，各守本位，互不侵犯。这又是何力所致？

这虽是难解之谜，人们在偶然中也能够得到启迪：假设桌子上有几块 N 极向的圆柱形磁石，把它们同极放到一起，它们会因同极排斥而分开，出现各守一方的局面。由此推知，恒星的互不侵犯是由于各自磁斥力的作用。据此，也就能解释行星井然有序的排列和安守本位的运行的原因。

科学家们指出，当行星受到太阳引力作用时，必然如彗星一样被直接吸引。这就是行星运行的起源。当行星被吸引到两者斥力发生作用的 0.4 个天文单位时，由于同极相斥便不能再前进，只得改为圆周运动。这颗行星就是太阳系的第一个行星——水星；第二个行星到达 0.7 个天文单位时与水星的磁力相斥，也开始行星圆周运动；第三至第八颗行星都互有排斥力，所以才互不侵犯，各行其道地有规律地运行，据此便能给出准确的运动预报。

这样，太阳系八大行星的磁场已经布满了太阳轨道面。彗星便不能有圆形轨道了，以哈雷彗星为例，行星磁场迫使它由黄道面转为在黄道面之上运行，当其到达与太阳距离 0.5 个左右天文单位时（近日点）便被太阳的磁力挡住不能再前进，它在运行中如果遭遇行星次数多而迫使它多次绕道，便会推迟回归日期，反之则提前。这既是彗星回归期难以预测之处，又是彗星不会与地球及众行星相撞的原因。

值得一提的是：地球还拥有第二道防线——大气层。没有磁场的陨石进入大气层时，多数会被烧光或裂为小块。几吨重的陨石对地球来说也就无足轻重了。

然而，当彗星与地球相距较近时，两者的磁力便会发生作用，彗星便会绕道而行。此时只要彗星的方向稍稍一偏，灾难性的碰撞便会发生。

一个类似的预测是，美国的肯顿博士经过精确计算，认为有确切的数据说明月亮将于 1992 年分为两半。肯顿博士虽经精确计算，却没把月亮的磁力考虑在内，所以月亮至今还是圆的。

月亮没有分裂成两半，彗星和小行星能否与地球相撞却极难确定。

科学家目前已经发现的在太阳系中直径超过 1 000 米的各种天体大约有 40 万个，其中三十多个运行轨道与地球轨道相切。

送走“不速之客”

美国国家航空航天局已着手进行“送客”工作。有关人员分为两组，一组负责追踪确认可能与地球相撞的天外物体，一组则负责将其推开，远离地球轨道。

太阳系中直径超过 1 000 米可能给地球造成严重灾难的天体大约有 40 万个。安置在美国帕罗马山的哈雷天文望远镜正在彻夜运转，以确认是否有异常的天外入侵者。对于早发现的、位置确定的危险物，可用太空大炮发射装有常规弹头的导弹，利用弹头靠近小天体爆炸时产生的推力使其远离正常轨道，远离地球而去。如果小行星距地球的距离小于 150 万千米，则必须使用核弹头。一个 100 万吨爆炸力的核弹头产生的冲击波可将距地球 150 万千米的小行星或彗星推离原来轨道。

地球上的生命是宇宙送来的种子吗

1974 年美国加利福尼亚州的索尔克科学研究所诺贝尔奖获得者、科学家弗朗西斯·克里克博士和莱斯里·奥开尔博士提出这样的设想:“地球上的生命,是遥远的星球用宇宙飞船特地送来‘播种’的,那是别的星球送来的微小的有机物。”

提出假说

克里克博士由于发现作为生命基础的 DNA 构造的功绩于 1962 年被授予了诺贝尔生理学或医学奖。他对揭开生命之谜充满兴趣,提出了“宇宙孢子”这一新学说。其实,在 1908 年瑞典化学家斯潘第·阿伦尼乌斯就曾提出:“有生命的细胞是从在宇宙空间漂泊的行星上掉落下来的,正是这些行星使我们地球上有了生命。”这种观点由于太缺乏科学依据,一经发表就遭到了学术界的否定。

宇宙生命学说认为,地球上的原始生命是附在陨石上从其他天体来到地球的。

另一种假说

还有的科学家也坚持地球上的生命是从宇宙中其他星球上的有机物进化出来的,但是他

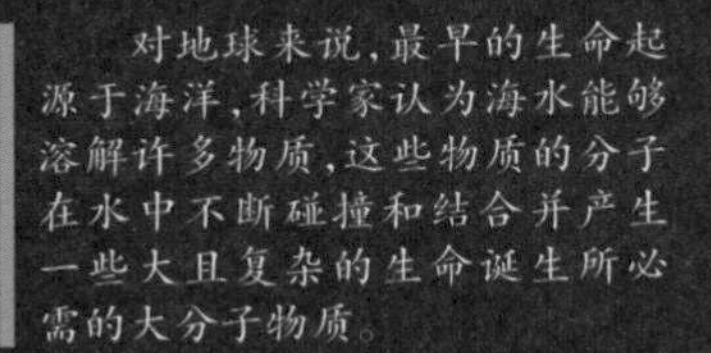

对地球来说，最早的生命起源于海洋，科学家认为海水能够溶解许多物质，这些物质的分子在水中不断碰撞和结合并产生一些大且复杂的生命诞生所必需的大分子物质。

们提出的假说与克里克博士的并不完全相同，他们认为，地球上的生命的确来自宇宙，但并不是被其他星球上的智慧生物有意输送过来的，而是在宇宙运动过程中，带着有机物的陨石偶然落在地球上才孕育出了最初的生命。

关于地球上生命的来源，很多科学家异想天开的想法不能被全部否认，地球以外的世界对于人类来说仍是一个未解之谜，也许今天人类认为不可能发生的事情在科学更加发达的时候就会被验证或证实，我们期待着那一天的到来。

生命起源的自然发生说又称“自生论”或“无生源论”，该学说认为生物可以随时由非生物产生，或由另一个截然不同的物体产生。

生物突然大灭绝

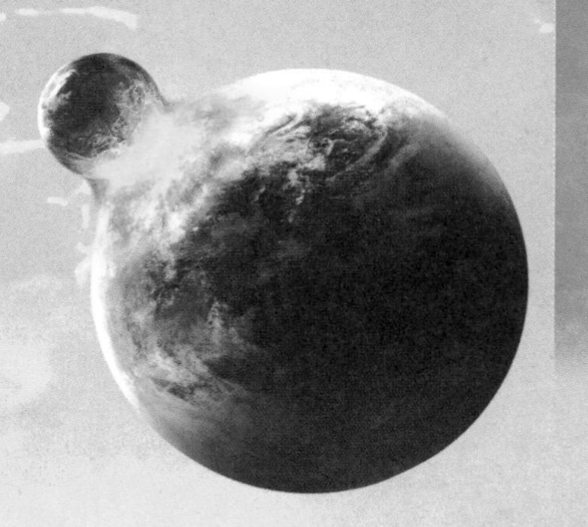

5亿年前，地球上经历了一个独一无二的物种灭绝时期，绝大多数物种在相对较短的一段时间内灭绝了。

灾难性灭绝

《科学》杂志曾经发表过相关文章，认为这次大灭绝不是逐渐发生的，而是一次突然爆发的灾难性事件的结果。根据文章中的介绍，在当时的研究过程中，由于缺乏足以证明以上观点正确的地层化石记录，因此2.5亿年前生物大灭绝的原因曾被认为是长期海平面下降导致的持续性环境恶化，最终导致了该时期生物的迅速灭亡。

物种迅速灭绝

2.5亿年前发生的物种大灭绝事件也被人们称为“二叠纪－三叠纪大灭绝”，顾名思义，因为大灭绝事件是发生在地理上二叠纪时期的末代和三叠纪时期的开始，因此得名。当时，地球上90%以上的海洋动植物以及70%的陆地物种都在那一次灾难中不复存在。

生物大灭绝即大规模的集群灭绝，指整科、整目甚至整纲的生物在很短的时间内迅速消失或仅有极少数量生存下来的现象。

科学家认为,造成二叠纪时期最严重的物种大灭绝的原因是海平面下降和大陆漂移。

经过科学家们的一系列研究和推断,我们发现,他们研究的大多数物种都是在大约 2.5 亿年前从化石记录中消失的。通过观察和检测这些岩层,可以得出结论:二叠纪与三叠纪交界时期之前,只有 33%的物种灭绝,而在交界时,物种灭绝率竟高达 94%。

大灭绝的原因

物种大灭绝的原因,到现在一直都是人们讨论的热点话题,其灭绝原因也是众说纷纭。但是科学家们认为,物种大灭绝应该是单独的、突然出现的,而不是几个一连串更小形式的灭绝。科学家推断,这次生物大灭绝,很可能是由超大规模火山喷发、地外物体撞击等突发性事件引起的。这与 6 500 万年前的恐龙灭绝事件有很多相似之处。

距今 2.5 亿年前的二叠纪末期,发生了有史以来最为严重的大灭绝,地球上约 96%的物种灭绝,但是也让新生物种开始繁盛,为恐龙类等爬行类动物的进化奠定了基础。

人类试图与宇宙人建立联系

很多科学家一直都相信地外生命的存在，因此科学界试图与宇宙人取得联系的计划也从未中断过。

用电波呼唤宇宙人

1975年，人类向宇宙人直接发出了载有人类留言的电波信息。尽管以前做过接收宇宙文明的奥兹玛(Ozma)计划，还有用火箭发出去的记录了人类与地球位置关系的“信”计划等等，但用电波直接向宇宙人呼唤却是第一次。

宇宙环境由广阔的空间和存在其中的各种天体以及弥漫物质组成。人类本身和其所创造的飞行器接触到的宇宙环境同人类生活所在的环境有着极大的差异。

发送电波信息的目标是M13球状星团，其中有30万颗带有行星的恒星。大概有一半的学者认为那个星团中存在着文明。向M13球状星团发射信息的内容包括：从1到10的数字、原子番号、地球人的姿态、太阳系图像等等。

只不过单发射过去在路上所需时间就得2.1万年！那么来回就得4.2万年，看起来这将会是一个非常耗费时间的长远计划。

激光尝试

美国国家航空航天局(NASA)开始正式地探究"宇宙人"的存在问题，但他们不是以UFO为对象，而是着眼于地球之外的宇宙及其文明。

他们采取的方法是使用1972年发射上天的"克波尼可斯"号，这颗天文观察卫星至今还在空中飞巡。把这颗卫星上的装置调节到面对特定的星星，然后从那里使用紫外线作为激光来调查能不能发送信息。如果能够发出的话，美国和苏联将酝酿下一步的接收信息的计划。

计划中心的哈巴特·威斯可尼亚说："与电波不同，激光是高科技的产物，谁都明白，像宇宙人那样头脑聪明的人，一定会使用激光的。"

1975年，他们选择了可能存在生命体的波江星座为对象，波江星座花11光年就能够到达，是距地球最近的可发射对象。但现在还没有成果，仅仅调查一下，就得花上100年。

影响人造卫星的
X线之谜

X射线是波长介于紫外线和γ射线间的电磁辐射，是一种波长很短的电磁辐射。自伦琴发现X射线后，许多物理学家都在积极地研究和探索。我们都知道利用X射线可以帮助人类检查身体状况，那么你知道X射线是如何影响人造卫星运作的吗？

奇怪的射线

根据马萨诸塞理工学院物理教授华尔特·琉因博士的研究，这道奇怪的射线是在1976年10月28日突然出现的。此后，它就以一种强有力的能量迅速反复地放射出来，到12月31日，人造卫星就被它彻底穿透了。

追根溯源

“那种足以穿透宇宙飞船的强烈的X射线，以前在地球的上层大气中一次也没发生过。这也许是出于什么自然的原因，但也有可能是有什么别的人造卫星在探察。”英国伯明翰宇宙研究部部长威尔莫亚博士迷惑不解。此外，它也可能是核试验的原因，还有谣言说，苏联在太空中派遣了专门攻击人造卫星的“太空杀手”，但现在并没发现它的行迹，基本上可以证明是个谣言。那么，地球上的X射线究竟来自哪里呢？以目前的科技水平，我们还无法得出一个准确的答案。

X射线又称“伦琴射线”，是一种原子内的电子在能量相差悬殊的两个能级之间的跃迁而产生的粒子流。

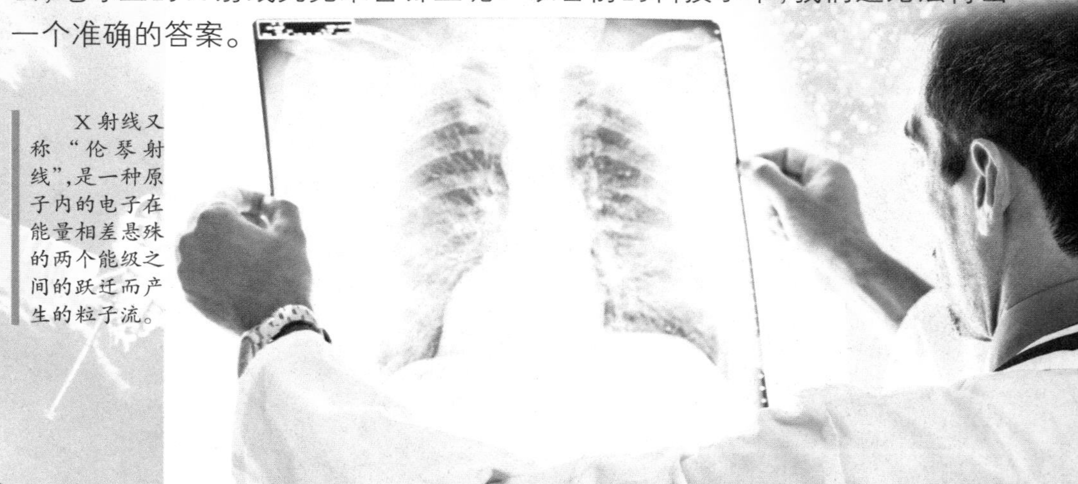

当地平线上出现第一道曙光的时候，当雄鸡发出洪亮的鸣叫的时候，当万物复苏、人们开始为新的一天努力工作的时候，我们都会想到同一个事物——太阳。太阳是地球进行昼夜交替、四季更迭、气候变化、植物生长等活动的重要因素，对地球上的生命来说是十分重要的。接下来就让我们了解一下太阳的秘密吧。

太阳的组成

天文学家把太阳分成了“里三层”和“外三层”。“里三层”从中心向外，依次是核反应区、辐射区和对流区。其中核反应区是太阳能量产生的地方。“外三层”依次为光球层、色球层和日冕层。

日核

日核，约占太阳半径的20%，集中了太阳质量的一半，高温高压使这里的氢原子核聚变为氦，根据爱因斯坦的质能转换关系 $E=mc^2$，每秒钟质量为6亿吨的氢热核聚变为5.9亿吨的氦，释放出相当于400万吨的能量。

日核是太阳的核心，是太阳的能源所在。它的压力为地球大气压力的 2.5×10^{11} 倍，温度估计约为 1.5×10^{7} ℃，是氢进行质子－质子热核融合的反应区。核心物质的密度为150克/厘米^3，远高于铁的密度7.8克/厘米^3。日核是产生核聚变反应之处，氢核聚变会产生强大的光和热。质子－质子链与碳氮氧循环是氢核聚变的主要过程。

辐射层

辐射层处于对流层下方，从核心向外到半径75%的区域称为辐射层，它是太阳内部的组成区域之一，同时也是向外传输能量的区域。

来自核心的 γ 射线与X射线光子，通过不断地与辐射层内的特质粒子相碰撞，被物质粒子吸收后再辐射，最后便以可见光的形式传到太阳表面，辐射到四面八方。辐射区内，光子平均走一厘米就与物质粒子相碰撞一次，由此可见，它需要很长的时间才能到达太阳表面，有

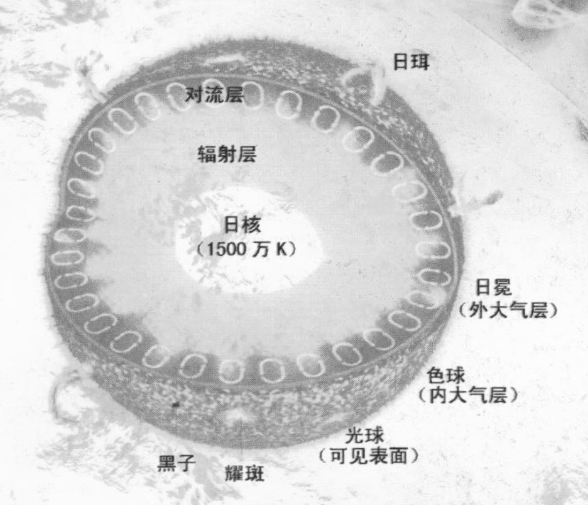

90%以上的太阳物质都在辐射层内。

对流层

太阳对流层是太阳内层的最外层，是太阳内部的组成区域之一，它将能量以对流形式传出。

那么对流层是如何形成的？对流层为什么会如此强烈呢？原因在于辐射区的外围温度下降得很快，特质的透明度也就降低了，再加上太阳表面的辐射损失变大，使得上下温差也随之变大，这就形成了以湍流为主的强烈对流层。对流层靠近太阳表面光球层，厚约15万千米，温度高达1×10^{6}℃。几乎完全不透明的对流层以对流的方式使辐射传来的能量在高热气团的作用下来到表面，与此同时表面较冷气团则会下沉。

太阳是距离地球最近的恒星，是太阳系的中心天体。太阳系质量的99.87%都集中在太阳上。

光球层

发出明亮耀眼光芒的光球层是人们平时看到的太阳光辉的圆面。光球并不完美，在它的上面常常出现被称为太阳黑子的黑斑。黑子经常"成群结队"地出现，酷似太阳大气涡旋。它们在太阳上的位置每日都在变化，据此，可以知道太阳也在自转，约27天自转一周。

色球层

色球层位于光球外层，厚约2 000米，呈玫瑰色。这一层是太阳大气中最为波澜壮阔的。首先是色球层面，它由无数细小的火舌组成，其宽度约有几百千米，高度可到6 000—7 000千米。远远望去，像一大片燃烧的草原。其次是色球边缘，它常常突然急剧蹿升起一片火舌般的气柱，高度达到几万千米，甚至一百多万千米，这就是日珥。日珥可谓千姿百态：有的动若脱兔，有的形如

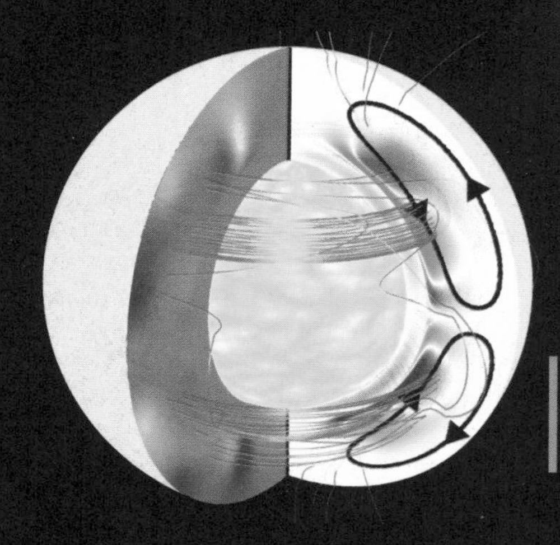

太阳耀斑爆发时，会发出大量的高能粒子，这些高能粒子如果到达地球轨道附近，将会严重危及宇宙飞行器内的宇航员和仪器的安全。

飞鸟，有的如轻烟浮云，有的似喷泉飞瀑，这一层可以算得上是太阳"名胜"区，有着太阳上最壮丽的景色。再次，色球层还有耀斑，是太阳表面最"惊天动地"的爆发现象，常出现在黑子群上空。耀斑来得凶猛，去得也迅疾，在极短的时间里，突然增亮，耀眼一片，此时释放出的巨大能量不亚于几万至几十万个氢弹爆炸时产生的能量。

日冕层

日冕层是太阳大气的最外层，厚度达到几百万千米以上。日冕层温度高达 1.5×10^6 — 2.5×10^6 ℃。在这种极其酷热的高温下，带正电的质子、氦原子核和带负电的自由电子运动速度极其迅猛，它们不断挣脱太阳的引力束缚，拼命射向太阳的外围，形成太阳风。日冕发出的光比色球层的还要微弱。日冕被人为地分为内冕、中冕和外冕三层。日冕层只有在出现日全食时才能看到，它是极其稀有罕见的太阳活动现象，其形状随太阳活动大小而作相应改变。日冕层的温度比它的发源地太阳表面高出许多，达到 100 万℃，因此日冕物质不断向外膨胀，把许多沿着太阳磁力线分布的粒子流不断地喷射到行星际空间，形成著名的太阳风。通过 X 射线或远紫外线照片，可以看到日冕中有大片不规则的暗黑区域，这片区域被称为冕洞。

太阳是一颗非常普通的恒星，在广袤浩瀚的太空中，太阳的亮度、大小和物质密度都处于中等水平。

太阳的自转

太阳的内部每时每刻都在剧烈地活动着，而事实上太阳自身也在不断地自转。1610 年伽利略研究太阳黑子时发现，黑子的一些规则运动是太阳自转的结果。

太阳自转

太阳存在自转，这可以从多方面来证实，例如太阳黑子的活动，日珥、暗条和谱斑等在日面上的移动，或太阳东西边缘光谱线的多普勒效应等。

太阳自转方向与地球自转方向相同。在日面纬度不同处，自转角速度不同，在太阳赤道，自转最快，纬度越高，自转越慢，这说明太阳存在着较差自转的现象。

内外不一的太阳

科学家通过一个全球性太阳观测网惊奇地发现，太阳内核自转速度比其太阳围绕银河系中心进行公转运动，从银河系北极鸟瞰，太阳按顺时针方向运行，大约2亿2 500万至2亿5 000万年绕行一周。

太阳位于银道面以北的猎户座旋臂上，距离银河系中心约30 000光年，距银道面以北约26光年。

表层赤道位置要慢10%左右，太阳表层每25—35天自转一周，其赤道位置旋转速度为6 400千米/时，而太阳内核自转速度则相对较慢。

由于太阳内核与表层自转速度不一致，表层经过一定时间后才会再次与内核原先的位置相重叠，而这一周期大约需要11年。

太阳自转速率规律

很早就有人注意到太阳自转速率常有变化。1904年，哈姆就发现，在1901—1902年与1903年观测到的太阳自转速率是不一样的；1916年，普拉斯基特观测到在几天之内太阳自转速率的变化达到每秒0.15千米；1970年霍华德和哈维的精确观测更表明太阳自转速率天天都有变化。但是，太阳自转速率随时间变化的规律还不清楚，既不是越转越快，也不是越转越慢，而是在某一个上下限之间摆动。因此太阳自转速率规律的问题还需要进一步的研究。

太阳活动

太阳活动是太阳表层扰动现象的总称，包括日珥、太阳黑子、太阳耀斑等。接下来我们就简单介绍这几种太阳活动。

日珥的亮度通常比太阳的亮度要暗许多，一般情况下会被日晕淹没，无法直接看到。

日珥

日珥是发生在太阳色球层的一种太阳活动现象。日全食出现时，人们可以看到在“黑太阳”的周围有一个红色的光环，那就是太阳的色球层。色球层上时常会射出一束束很高的火柱，这些火柱就叫作日珥。日珥分为宁静的、活动的以及爆发的三大类。

活动日珥总在不停地运动变化着，像喷泉一样从日面喷出很高，又慢慢地落回到日面；爆发日珥以每秒数百千米的速度，将物质喷发到几十万甚至上百万千米的高空，那场景格外宏伟壮观。宁静日珥比起另外两种日珥显得不够活跃，变化比较缓慢，一般能够在日面存活几天时间。

太阳从色球中，频频喷射出纤细而明亮的流焰，称为针状体。针状体是太阳表面的高温等离子流体，它们像针一样以大约每秒 20 千米的速度“刺”向太阳大气。每时每刻都有约 10 万个针状体在积极活动。

太阳黑子产生的带点离子可以破坏地球高空处的电离层，使大气发生异常，还会干扰地球磁场，导致电讯中断。

太阳黑子是由本影和半影构成的，本影指的是太阳上特别黑的部分，而半影相对本影来说亮一些，是由许多纤维状纹理组成的。

太阳黑子

太阳黑子是在太阳光球层上发生的一种太阳活动，是太阳活动中最基本、最明显的活动现象。太阳黑子实际上是太阳表面一种炽热气体产生的巨大旋涡，温度大约为 4 500℃。因为它的温度远低于光球层表面的温度，所以看上去像是一些深暗色的斑点。

一个较完整的黑子由较暗的核和周围较亮的部分构成，中间凹陷大约 500 千米。黑子大多成对或是成群地出现。

黑子出现的时间并不是均匀分布的。黑子周期开始时，黑子主要出现在南、北纬约 35° 处，而在黑子周期结束时，黑子通常又出现在南、北纬约 5° 处。

太阳耀斑

我们现在来认识一下“太阳耀斑”。光球原是太阳大气的最内层的一部分。其厚度约有 500 千米，平均温度约为 6 000℃，呈气态。光球就是人们实际能够用肉眼看到的太阳的表面。在黑子产生之前，光球层会产生炽热的氢云，这就是我们所说的“耀斑”。

当太阳发生耀斑或者射电爆发时，常常伴有大量的高能质子流，这对宇

太阳的能源与未来

太阳中到底包含哪些元素呢？这些元素又能产生如何强大的能量呢？太阳的命运又将如何？这一切都值得人们探寻。

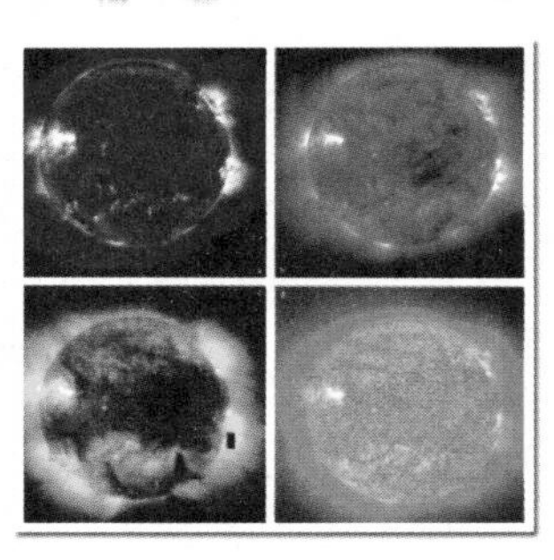

太阳中包含着各种能量巨大的元素，但是它们的具体数量目前还无法得到确切的数据。

太阳中的元素

印度于1868年8月18日发生了一次日全食。法国经度局研究员、米顿天体物理观象台台长詹森为了抓住这个百年不遇的观测机会，特意带着他的考察队专程赶往印度观测，希望弄清日食现象产生的原因。

他在观测日全食时发现太阳的谱线中有一条黄线，并且是单线。而钠元素的谱线是双线，所以詹森肯定它不是早就发现的钠元素。

詹森把太阳中存在又一新元素的重大发现写信通知了巴黎科学院，1868年10月26日，詹森收到了另一封内容相同的信，那是英国皇家科学院太阳物理天文台台长洛克耶寄来的。两个著名科学家不约而同的新发现，使人们确认了这是一个大家未曾认知的新元素。这就是氦——地球上发现的第一个太阳元素。

经过长期细致的观测，科学家们发现，太阳上元素最多的是氢和氦，比较多的元素有氧、碳、氮、氖、镁、镍、硫、硅、铁、钙等10种，还有六十多种含量极其稀少的元素。到20世纪80年代，科学家们确定的太阳上的元素有73种。此外还可能存在从氢到氦等19种元素，其中还包括9种放射性元素。

那么太阳到底有多少种元素呢？凭目前的科学技术，我们还无法得出准确的数据，不能给大家一个满意的答复，但我们都相信科学技术在日新月异地高速发展中，终究有一天会将宇宙中的难题逐一破解。

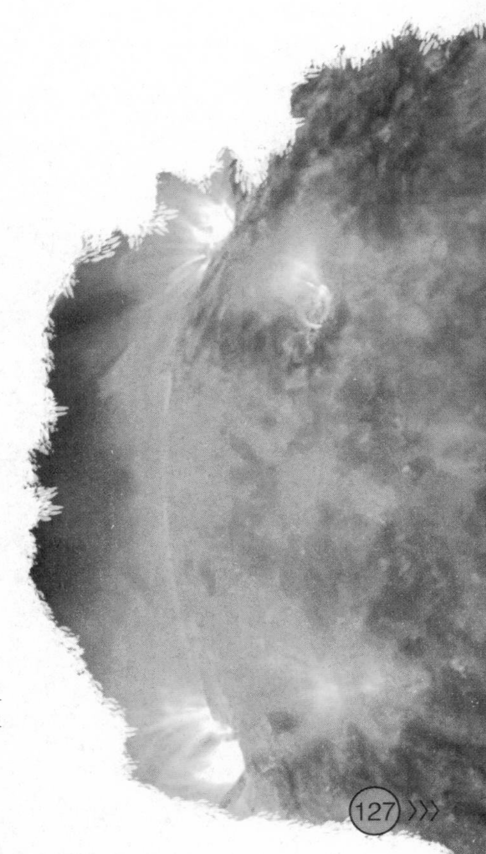

作为一颗恒星，太阳的绝对星等为4.8，它是通过核聚变来释放能量的。从理论上讲，太阳最后核聚变反应产生的物质是铁和铜等金属。

太阳在未来会变成什么样子，以我们目前的科技水平还无法预知。

太阳的能量

现如今的交通运输事业和工业发展都离不开能源，以前人们都利用石油、煤和天然气等作为主要能源。但是，它们都属于不可再生能源，因此，人们便开始开发新型能源以维持交通运输和工业发展等活动的正常进行。其中，太阳能就是近年来人们开发利用最为广泛也是最为环保的一种新型能源，太阳能的获取不受地域的限制，只要有太阳照射的地方都可以直接开发或利用，甚至省掉了开采和运输的环节；太阳能还是一种无毒无害的清洁能源，不会污染环境，这在环境污染日益严重的今天是非常宝贵的。但是，由于人们开发利用太阳能的技术还不是很成熟，通常会造成获取效率低和成本高的后果，其经济性还不能和天然气、石油相比。因此，太阳能的获取和利用将会是我们未来要解决的主要难题。

太阳能一般是指太阳通过自身的高温核聚变反应从而释放出的辐射能，这种能量能够长时间燃烧和释放。其输出功率为 3.86×10^{26} 瓦，如此强大的能量来自于核心的核聚变反应：每秒钟有大约 7×10^{11} 千克的氢聚变成 6.95×10^{11} 千克的氦，其间损失的 5×10^{9} 千克质量即转换为庞大的 γ 射线能量。

在 γ 射线前进到太阳表面的途中，会不断地被四周粒子吸收，从而发出较低频的电磁波，到太阳表面时所发出的主要是可见光。而在最靠近太阳表面 20%厚的区域，传递能量主要是靠对流而非辐射。太阳的输出总功率为

3.826×10^{26} 瓦，核心核反应供给绝大部分的能量。如此长时间地燃烧和释放能量，太阳能够维持多久呢？据科学家推算，其大约可以再维持 50 亿年。

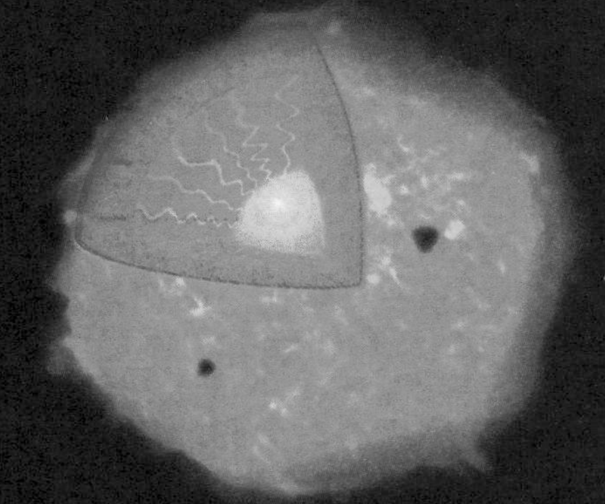

太阳能作为一种新型能源已经得到大多数人的认可，希望在不远的将来，人们能够利用太阳能创造更多的价值。

太阳的未来

太阳普照大地已 50 亿年之久，处于壮年期的太阳正稳定地释放着光热。据科学家们分析研究，太阳核心的氢燃料在 50 亿年后将被消耗掉，那么那时的太阳将会是什么样子呢？

50 亿年之后，太阳会开始衰老，变成一颗鲜红明亮的红巨星。到那时，它的直径要比现在大 250 倍，太阳的轨道会把地球的轨道紧紧环抱。

太阳在变成红巨星之后，将开始收缩，日核也将变成一个极其密小的核。这时的太阳就会如同一位风烛残年的老人，不再有青壮年时的勃勃英姿，它会成为一颗与地球大小差不多的白矮星。再过十几亿年，太阳将不断冷却，最终变成一颗又冷又暗的不起眼的黑矮星，太阳也就结束了自己辉煌灿烂的一生。这就是太阳的未来。

也许 50 亿年以后，人类具有超级发达的科学技术，会让太阳再度辉煌起来，但这是很久以后的事情，人类现在是无法预知的，但我们希望会有奇迹的出现。

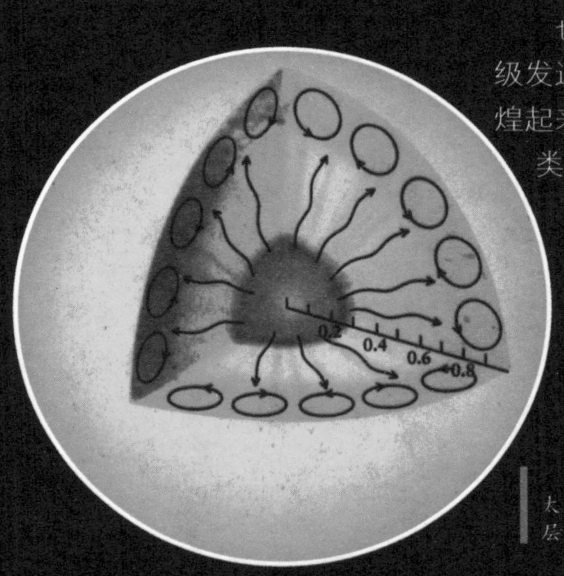

太阳中央的核心部位约占 0—0.25 太阳半径，太阳核心之外为太阳辐射层，约占 0.25—0.86 太阳半径

复杂的
天文大家庭

太阳系是复杂的天文大家庭中的一员，它的中心是炽热的太阳，太阳质量极大，占据太阳系总质量的 99.85%；余下的质量中包括行星与它们的卫星、行星环，还有小行星、彗星等等。然而它们所占太阳系的质量与太阳的质量相比，却是微不足道的。

太阳系

太阳系围绕整个银河系的中心运转，它所有天体的总面积约有 17 亿平方千米。看来它真是个庞大的系统！

早期的太阳星云崩溃后，中心继续升温并压缩，它的热度可以使灰尘蒸发。中央的不断压缩使它摇身一变，成了一颗质子星，大多数气体逐渐向里缓缓移动，又增加了中央原始星的质量。它们也有一部分在自转，离心力存在其中，阻止它们向当中靠拢，逐渐形成一个个绕着中央星体公转的“添加圆盘”，并向外辐射能量，逐渐冷却。气体冷却后，金属、岩石和离中央星体较远的冰可以浓缩成微小粒子。微小粒子互相撞击，又形成了较大的粒子。这个微妙的过程一直在不断进行，直到形成大圆石头或是小行星为止。

土星的主要构成元素是氢，还包括少量的氦和微量元素，其内部的核心部分包括岩石和冰，外围由数层金属氢和气体包裹。

太阳系以外的星系

找到太阳系以外的星系，是许多天文学家毕生追求的目标。自 1992 年天文学者发现第一个其他的行星系算起，至今人们已发现了几十个行星系，可是我们对它们的了解却是少之又少。这些行星系的发现和研究，主要依靠的是多普勒效应，精密测试恒星的周期性变化，以此推断是否有行星存在，并且严格地计算行星的质量和轨道，但这也只能发现一些大行星，像地球一般大小的行星就难以发现了。

天文学家相信在太阳系以外的确存在其他行星，但是从目前的观测结果上来看，它们的普遍程度和性质依然是一个谜。

我国著名天文学家戴文赛于1977—1978年提出了一个比较全面、系统的关于太阳系主要特征的由来和太阳系各类天体起源的新星云说。

太阳系的起源

太阳系是怎样诞生的呢？科学家们各持己见，莫衷一是。

星云说

星云说的首创者是德国的伟大哲学家康德。几十年以后，法国著名数学家拉普拉斯又提出了这一问题。他认为，整个太阳系的物质都是由同一个原始星云形成的，星云的中心部分形成了太阳，外围部分形成了行星。虽然康德和拉普拉斯在个别问题上也存

灾变说也存在弱点，那就是该学说为了说明观测到的事实，通常要假设出许多偶然因素，无法有力地解释特定问题。

在着分歧，但是大前提是一致的，因此人们把他们合在一起，将这种观点称为“康德－拉普拉斯假说”。

灾变说

法国的布丰首先提出了灾变说。这个学说认为太阳是最先形成的，然后在一个偶然的机会中，一颗恒星（或彗星）从太阳附近经过（或撞到太阳上），它把太阳上的物质吸引出（或撞出）一部分。这部分物质后来就形成了行星。但就撞击来说，小天体如果撞击到太阳上，由于它的质量太小，就会被太阳吞噬掉。1994年，彗星撞击木星就是最有力的例证。那么，恒星与太阳相撞而形成太阳系的概率就更小了。因此，曾提出灾变说的一些人后来也放弃了他们原有的观点。

俘获说

俘获说由泰勒于1910年提出，其目的是为了解释地壳水平运动的机制。

这个学说认为太阳在星际空间运动中，遇到了一团星际物质，太阳靠自身的引力把这团星际物质俘获了。后来，这些物质在太阳引力作用下开始加速运动，就像在雪地里滚雪球一样，由小变大，逐渐形成了行星。在这个学说里，太阳也是先形成的，但是，行星物质不是从太阳上分化出来的，而是太阳俘获来的。

太阳系中存在第九颗行星吗

众所周知，太阳系里有八大行星，可是随着人类对宇宙的不断探索，人们不禁产生了一个疑问：太阳系中是否存在着第九颗行星呢？

科学家的发现

2003 年 10 月，加州理工学院麦克·布朗教授领导的团队观测到了一颗位于太阳系外围柯伊伯带的天体。2005 年 1 月，经过再次分析，布朗判断该天体的体积比冥王星还大。布朗原本决定在精确地计算出它的尺寸和轨道后再将发现“第十大行星”的消息告知于大众。但 2005 年 7 月 28 日，另一个西班牙天文学家小组宣布在

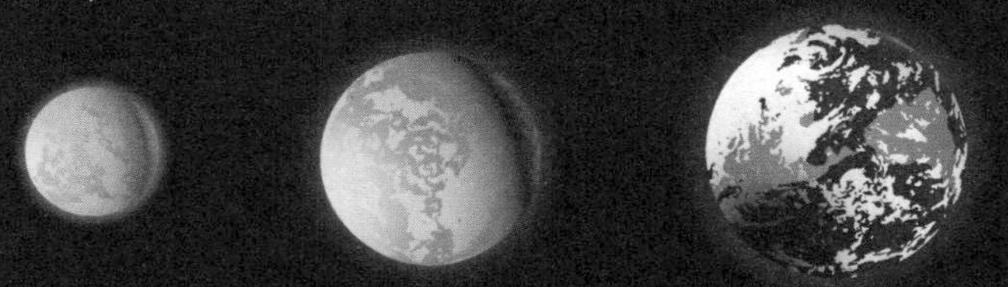

柯伊伯带发现了高亮度的星体，同时布朗的小组发现保存研究资料的网站被黑客侵入。迫于无奈，布朗不得不在 7 月 29 日仓促发布消息。至此，全世界才认识了这颗被暂时命名为 2003-UB313(齐娜)的新星。

冥王星降级

但是，2006 年 8 月 24 日于布拉格举行的第 26 届国际天文联会中通过的第 5 号决议中，冥王星被划为矮行星，并命名为小行星 134340 号，从太阳系九大行星中被除名。所以现在太阳系只有八颗行星。也就是说，从 2006 年 8 月 24 日 11 起，太阳系只有八大行星，即：水星、金星、地球、火星、木星、土

冥王星是太阳系边缘的柯伊伯带中已知的最大天体，与太阳的平均距离为59亿千米。

星、天王星和海王星。而麦克·布朗等人所发现的“第十颗行星”也变成了第九颗行星。当然，目前的科技水平还无法获知其具体信息，这颗行星是否能成为名副其实的第九颗行星还有待于人们的探索。

第九颗行星指的是太阳系中目前已经被确认的行星之外的一颗行星，曾被称为祝融星和阋神星。

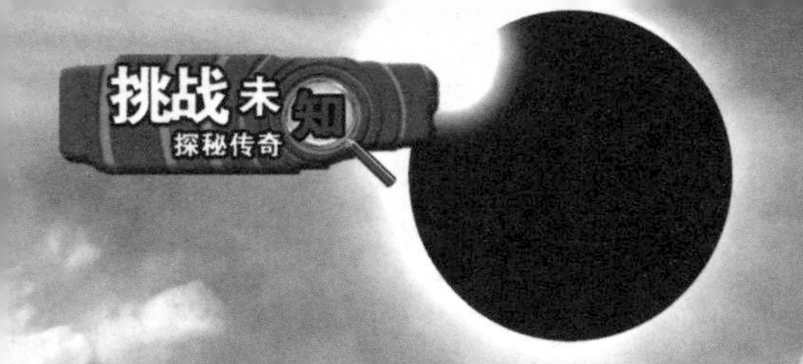

假太阳是在特殊气象条件下产生的幻日现象。因此假太阳其实是虚幻的太阳，并不是真实存在的。

假太阳

传说在远古时代，尧帝当政，天上突然出现了 10 个太阳。江水干涸，草木枯死，黎民百姓奄奄一息。在这万分艰难的时候，尧帝命后羿射下多余的 9 个太阳，拯救黎民苍生。后羿弯弓搭箭，9 个太阳纷纷坠地……

假太阳奇观

这种现象不仅仅是在古代的神话传说中，在人们的日常生活中，也发生过天空中出现多个太阳的情况。

1933 年 8 月 24 日上午 9 时 45 分，在我国四川省峨眉山的上空共有 3 个太阳。

1934 年 1 月 22 日上午 11 时至下午 4 时，古城西安的人们目睹了 3 个太阳并排存在于天空的奇景。

1965 年 5 月 7 日下午 4 时 25 分和 6 月 2 日凌晨 6 时，在南京的上空，接连两次出现了几个太阳并存的景观。

这种奇异的假太阳现象是如何形成的？目前还没有一个统一的说法。

月球寻踪

TIAO ZHAN WEI ZHI

当我们仰头望向静谧的夜空时，会看到一轮明月挂在天顶，时圆时缺，并散发出柔和的白光，让人产生无尽的遐想。嫦娥奔月的传说也让我们对月亮产生了无数的好奇，难道那上面真的住着一位美丽的仙子吗？或者存在着我们不知道的神秘物质？月球的背后又存在着怎样的故事呢？下面就让我们翻开这一篇章，来一探究竟吧。

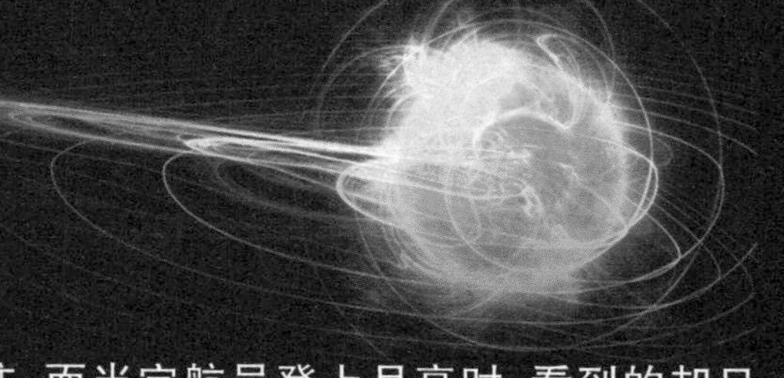

月球难解之谜

美丽的月亮曾经让人无比向往，而当宇航员登上月亮时，看到的却只是一片荒漠，没有一点儿生命的痕迹。但是，这里曾经却发生了种种神秘莫测的奇异现象。

月球上奇异的现象

1958 年，美国《天空与望远镜》月刊报道说，月球上发现有半球形的闪耀着日光的“月球圆盖形物体”，这些物体的数目在不断变化，有的消失了，有的又重新出现，有的还会移动位置，经计算，它们的平均直径为 250 米。

“月球 2 号”拍摄到月面上的静海区有一些方尖石，这些方尖石底座宽约 15 米，高 12—22 米，最高达 40 米。有人对这些方尖石的分布做了详细研究，计算出方尖石的角度，指出石头的布局是一个三角形，很像埃及开罗附近吉萨金字塔的分布。而且，这些方尖石上面还有许多几何图形线条，看起来并不像是自然侵蚀形成的，而是人为刻上去的，这些神奇的现象也引起了人们的关注。

月相：天文学中对地球上看到的月球被太阳照明部分的称呼。月亮在运动时，照明部分的形状和面积也会随之变化，这种现象就叫作月相。

意外的发现

1969 年，人类成功实现了伟大的登月计划，全世界人民都为此感到骄傲和自豪，同时也在人类发展史上留下了辉煌的一笔。但遗憾的是人们并没有在月球上发现任何生命迹象。但是这并没有阻碍科学界对月球生命的探索，反而更加激发了人们对月球的好奇心，从而产生了各种天马行空的联想。

苏联天体物理学家米哈依尔·瓦西里和亚历山大·谢尔巴科夫分析研究了从月亮带回的月岩标本说："月亮可能是外星人的产物，15 亿年来，它一直是他们的宇宙。月亮是空心的，在它荒芜的外表下存在着一个极为先进的文明。"

"阿波罗 11 号"宇航员阿姆斯特朗在回答休斯敦指挥中心的问题时吃惊地说："……这些东西大得惊人！天哪！简直难以置信。我要告诉你们，那里有其他的宇宙飞船，它们排列在火山口的另一侧，它们在月球上，它们在注视着我们……"美国无线电爱好者听到这里，广播突然中断。美国国家航空航天局没有就阿姆斯特朗所看到的现象作任何解释。

另一位宇航员奥尔德林在月球上空拍到 28 张连续照片，可以清楚地看到一个神秘的飞行物的飞行情况。两个连在一起像个"雪人"形状的奇怪飞行物突然出现在月面的左侧。两秒钟后，这个飞行物慢慢地旋转起来，尾巴上出现了喷射的现象——它好像在排气。喷射停止后，在空中留下了长长的、流动的尾迹。神秘的飞行物体往下降落，像要冲击月面似的；然而它又突然向反方向转弯，再次上升。随后，它再次飞临月面，同时发出强烈的亮光，然后开始分离，变成两个一大一小的发光物体。不久，它们斜着升空，之后便很快消失了。

在这以前，宇航员也有类似的发现。1965 年 12 月 4 日，"双子星 7 号"宇航员洛威尔曾看到一个伸出根"水管"的不明飞行物。1966 年 9 月 13 日，"双子星 11 号"宇航员戈尔登在环绕

月球是一个已经分异的天体，它拥有壳、幔、核等分层结构。

经过多年对月球的探索，人们已经初步了解了月球的相关信息，但是关于月球的秘密还有很多，这些都是未来我们将要面临的巨大挑战。

地球飞行拍摄的照片中发现有一个金属状不明飞行物。

宇航员斯科特和艾尔文乘坐“阿波罗 15 号”再度踏上月亮的时候，在地球上的沃尔登十分惊讶地听到（录音机同时录到）一个很长的哨声，随着音调的变化，传出了 20 个字组成的一句重复多次的话，这发自月球的陌生“语言”切断了宇航员同休斯敦的一切通讯联系。

法国科学家所著的《月球及其对科学的挑战》一书中，包含了 48 幅从未公开的月面照片，这些照片向人们展示了月面上一些地形的变化。他表示，这些照片原本是彩色的，那种生动的图像令人吃惊，它们表明，月球上很有可能存在着智能活动。

美国国家航空航天局曾对乘坐过“阿波罗号”的航天员所拍摄的 28 张照片进行了几年的秘密研究，发现这个不明飞行物的喷射活动是瞬间开始，瞬间停止的，看起来非常像以真空为背景的液体喷射。因此，也有人产生了另一种新的想法，这一神奇的活动其实是一种人们还未解读出来的某种信号。

照片发表以后，有些人大胆发出畅想：种种迹象表明，月亮可能已经被来自其他空间的智能生物开发利用了。

中国为了进一步探测月球，成立了中国探月工程，并成功发射了第一艘进入月球轨道的太空船——嫦娥一号。

随着科学技术的发展，人类在未来可能建立沿月球轨道飞行的实验室，把月球作为登上更遥远行星的一个落脚点。

月球的起源

月球是地球唯一的天然卫星。夜空中如果少了它的存在，浩瀚的夜空将显得死气沉沉。那么，月球是怎么诞生的呢？

分裂说

“分裂说”认为月球是从地球分裂出去的。在地球历史的早期，地球还处于一种熔融状态，它自转得特别快，每4个小时左右就自转一周。地球顶端部分的物质逐渐隆起，由小而大，越来越高，最后终于被地球抛了出去，成为独立于地球之外的物质团。该物质团后来逐步冷却并凝聚成为月球。有人甚至认为，月球从地球分裂出去时在地球上留下的“伤疤”，就是现在的太平洋。

月球产生于地球历史的早期，是由于其旋转作用同太阳的潮汐作用的共振效应而被分裂出去的。

如果按此理论，从地球赤道被抛射出去的物质，由它凝聚而成的月球，其绕地球运行的轨道基本上在地球的赤道平面内，相差不会很大；而现在的实际情况则是：月球绕地球运动的轨道平面与地球赤道平面之间相差颇大。

此外，月球如果真的是从地球分裂出去的话，它的化学成分、密度等都应该与地球的一致或差不多，可事实却并不是这样。比如，月球上的铝、钙等化学元素比地球上多得多，而镁、铁等则要少得多；地球的平均密度为5.52克/厘米^3，而月球的平均密度却只有3.34克/厘米^3。

俘获说

“俘获说”是关于月球起源的另一种假说，该说认为月球原来可能是环绕太阳运行的小行星，由于某种原因，它偶然接近地球，地球的引力“强迫”它脱

“俘获说”由泰勒提出，地球获得月球作卫星时，会引起强大的固体潮汐，导致地球运转速率发生变化，于是原在两极的大陆便会向赤道位移，并分裂成肺叶状。

离了原来的轨道，并把它俘获，成为自己的卫星。有人还进一步提出：这次俘获的宇宙事件，大致发生在35亿年之前，而且俘获也不是一朝一夕就能完成的，全过程共经历了约5亿年的时间。

“俘获说”设想，月球原来是太阳系内的一颗小行星，本来有它自己的运行轨道。如果这种假设成立，月球的化学成分与地球的不同，密度有差异，它的公转轨道与地球的赤道平面不一致，这些都能得到合理解释了。

科学家们又指出，一个天体俘获另外一个天体的可能性是有的，只是这种机会实在是太小了。即使发生这种情况，那也应该是一个很大的天体俘获一个比它小得多的天体。地球的质量仅是月球的81.3倍，想要俘获像月球那么大的一个天体，理论上是讲不通的。也就是说，地球的引力是不可能俘获月球那么大的行星的，它至多也只能改变一下月球的运行轨道。

同源说

所谓“同源说”，指的是月球和地球是由同一块原始太阳星云演变而来的，这是关于月球起源的又一种假说。那么，如何解释月球与地球在物质成分、密度等方面的差异呢？

主张“同源说”的人认为，形成月球和地球的物质虽然是在同一个星云中，但两者形成的时间不同，地球在先，月球在后。原始太阳星云演变和发展到一定阶段时，由于尘埃云里面的金属粒子等物质已开始凝集和部分集中，在地球和其他行星形成时，很自然地积聚了相当数量的铁等金属成分以及一些主要物质。月球的情况则与地球不同，那时，原始太阳星云中的金属成分已大为减少，它只能吸收残余在地球周围的少量金属物质，因而月球主要是由非金属物质凝聚而成。在这种情况下，月球物质的密度还不到地球的 2/3，那是理所当然的。

宇宙飞船说

第四种假说是“宇宙飞船说”。这是由苏联两位科学家瓦西里和谢尔巴科夫于 1957 年提出来的。该学说的提出远远早于首次“阿波罗”载人登月。他们认为，月球是宇宙中某个角落里的一颗小天体，被外星人改造后，操纵着它来到地球身边，利用地球的引力再加上月球的人为原动力而固定在现有的轨道上。但为什么外星人将月球进行改造后又送到地球身旁，他们有什么目的吗？对此，两位科学家并未详说。后来的 UFO 研究者指出，外星人将月球弄到地球身边是为了控制地球不变轨，以保证太阳系的相对稳定。

月球的各种奇异特性与天文参数，以及后来“阿波罗”载人登月所探得的各种结果，都否定了前三种假说，而有利于第四种假说。尽管第四种假说初听时有点像天方夜谭，然而，科学的发现和认识是无穷尽的，宇宙奥妙也是高深莫测的，不能因为我们眼光的狭窄和认识上的肤浅、无知，就将科学真理视为迷信或邪说。“地心说”和“日心

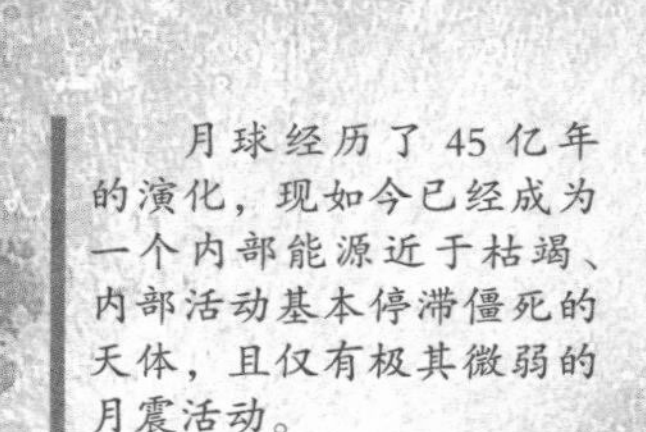

月球经历了45亿年的演化，现如今已经成为一个内部能源近于枯竭、内部活动基本停滞僵死的天体，且仅有极其微弱的月震活动。

说”的较量不就是最有力的证明吗？月球确实是一个神秘的世界，它上面的UFO现象和奇特的景观，给科学家们出了一道难解的谜题。这正如法国著名作家维克多·雨果曾描绘过的一样——“月球是梦的王国，幻想的王国”。

对科学家们来说，月球当然也是一个充满梦幻的世界。科学家们推测，月球不仅是开启地球以及众多宇宙之谜大门的钥匙，也是开启太阳系起源之谜大门的钥匙。直到今天，我们对月球的认识在天文学上仍无明显的进展，相反却使科学家们陷入了更深的困惑之中。的确，比起实施“阿波罗计划”，无论是月球的起源、月球的自然环境，还是其构成，都纵横交织地展现在科学家面前，像难理的乱麻一样毫无头绪。但是我们相信，随着人类知识的进步，月球的身份也会逐渐明朗起来。

月球背后的“故事”

月球在地球引力的作用下，其旋转运动的规律与自转和公转周期相一致。因此，月球永远只以半个球面对着地球。

月球的背面景观

月球的公转轨道面和地球公转轨道面有个交角，这就使月球自转轴的南北两端每月轮流地朝向地球，在地球上，有时能看到月球的南极和北极以外的部分。实际上，人们在地球上看到的月球表面不只是半个球面，而是月球表面的59%。

还有其余的41%的月面(月球的背面)呢？由于它始终背对着地球，千百年来，人们无法看见，只能不断进行猜测。

有人猜想月球背面重力可能要比正面大一些，也许有空气和水的存在。甚至有人断定那里有一片环形山，既广阔又明亮。也有人说，地球北半球大陆多，南半球海洋多，月球上可能也是这样：月球正面的中央部分是高地，月球背面的中央部分则相当于地球上的“大海”——呈暗色的平原。

1959年1月2日，苏联发射的“月球1号”，于1月4日飞抵距月亮6 000千米的上空，拍摄到了一些照片。

1959年10月4日，苏联又发射了“月球3号”自动行星际站。它于10月6日开始绕月球的轨道飞行，7日6时30分，它已转到月球背面大约7 000米的高空。当时地球上看到的是“新月”。月球背面正是受太阳照射的白天，是拍摄的大好时机。当行星际站运行于月球和太阳之间的时候，在40分钟内拍摄到了许多不同比例的月球背面图，然后进行显影、定影等自动处理，最后通过电视传真把资料发回地球。这是有史以来拍摄到的第一批月球背面的照片。从此，这个千年奥秘终于被揭开了。

真相显露

月球的背面也是像正面一样的半球，绝大部分是山区，中央部分没有“海”，其他地方虽有一些“海”，但是都比较小，背面的颜色稍稍红些。现

在，科学家已经绘制出一幅较详细的背面图，并且按照国际规定来给那些背面的山和“海”命名。

环形山以已故著名科学家名字命名的有：齐奥尔科夫斯基、布鲁诺、居里夫人、爱迪生等。“海”有理想海和莫斯科海等。有5座环形山用石申、张衡、祖冲之、郭守敬和万户5位中国古代科学家的名字命名。其中规模最大的是万户环形山，面积约600平方千米，它位于南半球，夹在赫茨普龙与帕那（都是英国物理学家）两座环形山之间。

月球是唯一一个人类曾经登陆过的外星球。

神秘的环形山是怎样形成的呢？

科学家认为，它们是由月球内部熔岩向月面鼓涌形成的。

现代科学仪器观测的结果和对宇航员带回的月球岩石所作的分析，使科学家得出这样的假设：火山活动和陨星撞击这两种自然力量在月貌的形成中都产生了作用。许多圆丘和较小的环形山是火山活动中形成的，而那些大环形山则是陨星撞击月球时造成的。

古老的月球岩石

有的专家坚持认为月球岩石只有46亿年的历史，与地球年龄不相上下，但还有一些科学家认为事实并非如此。

组成月球岩石的绝大多数矿物与地球矿物没有什么区别，只有几种矿物目前在地球上尚未发现。

寻找证明

一些天文学专家和天体物理学专家认为月球岩石的年龄远远大于地球，这就间接地证明了月球不是起源于地球，也不是和地球同期的太阳系内的产物。因此月球是否比地球古老的争论也随之产生。

说明月球比地球古老很多且来自遥远的宇宙空间的证据有如下几个方面：

1.科学家们分析测算出月球的年龄为45.27亿年。

2. 美国NASA曾宣布过月球上确实存在比太阳系和地球古老10亿—53亿年的岩石。

3.一位获得过诺贝尔奖，同时又是研究月球的权威科学家提出，在月球上发现的某种元素比地球上古老得多，可他无法解释这种元素是怎样来到月球的。

4.研究月球的专家说，年龄介于44亿—46亿年的月球岩石是“月球上最年轻的岩石”。

5.科学家们根据在月球岩石标本中发现的大量的Ar_{40}，推测出月球的年龄比太阳和地球的年龄大1倍，约为70亿年。

6.月面上的沙砾比月面岩石显然古老10亿年。

当宇航员将第一批月球岩石标本带回地球供科学家们研究分析时，他们根本没有想到，月球不但比地球古老，而且比太阳系更古老。阿尔·尤贝尔说：“与月球有关的物体老之又老……科学家们曾推测月球‘当然’不会太古老，所以当面对一个如此古老的天体时，他们没有充分的思想准备。”

月球岩石

从月球带回的99%的月球岩石都比地球上最古老的岩石历史更悠久。有的科学家认为,在这些月球岩石中有的比太阳还古老。第一位降落在月面静海的宇航员阿姆斯特朗信手捡到的月面岩石的历史都在36亿年以上。要知道迄今为止科学家们在地球上发现的最古老的岩石是35亿年前的石头,这种岩石是在非洲岩缝中发现的。此后科学家们又在格陵兰岛上发现了更古老的一些岩石。这种岩石可能与月面静海的岩石一样古老,是36亿年前的东西。但是历史悠久的月球岩石的发现还仅仅是研究月球历史的开始,在宇航员从月面带回的岩石中,有的还是43亿年前形成的,甚至还有45亿年前的。"阿波罗11号"带回的月面土壤标本表明其历史已长达46亿年,而46亿年前正是太阳系形成的时候。不可思议的是,这种月球土壤竟然比它周围的岩石还要"年长"一亿年。

科学家们相信月海是月球最新形成的区域,那么月球的年龄当然比月海要古老。用科学记者理查德·路易斯的话来说就是:"在地球上认为是最古老的岩石,在月球上却是最新的。"这不得不令人吃惊。

苏联的无人月球探测器也获得了与此相同的结论。根据对从月海带回的月球岩石的分析结果得出结论,它至少与太阳一样古老,是在46亿年前形成的。

"阿波罗11号"共收集月球岩石135块,每块岩石的重量大约有1.1克。

人类将来会
如何利用月球

月球是地球的近邻，同时也是地球最忠实的“追随者”。而人类正在以前所未有的雄心壮志，探索着充满未知的宇宙空间。那么，月球在人类探索宇宙空间的过程中将会扮演什么样的角色呢？

“哨兵”

月球没有大气层，不会干扰电磁波，所以这里是进行射电天文观测的最理想场所。而且，月球的自转速度很慢，科学家如果真的能够在月球上建立观测点，那么就可以长时间地观测同一目标。这样一来，科学家就相当于为地球安装了一台监控“摄像头”，在月球上科学家能够研究地球环境的变化，同时监测一切可能撞击或对地球造成损害的天体。

“前沿阵地”

月球上的重力仅仅是地球的六分之一，在这样的重力场环境中，宇宙飞船的发射要比在地球上容易得多，而且没有大气层的干扰，宇宙飞船的发射也就安全了许多。所以，未来的月球很有可能成为人类向遥远太空进军的“前沿阵地”或中转站。

我国计划在2020年前发射嫦娥5号月球采样返回探测器，并对月球进行精密勘查。通过“嫦娥工程”的实施，我国将在月球科学、比较行星学、空间天文学等研究领域取得巨大进展，为中国进一步开展深空探测以及未来载人登月奠定基础

1969年7月20日，美国“阿波罗”号飞船登上月球，太空学家们逐步揭开了月球的神秘面纱，试图将月球变成一个可供人类生存的“第八大洲”。

“新大陆”

或许人类在寻找“下一个地球”的过程中，也不会忘了距离地球最近的月球。

根据科学家的设想，如果人类的空间运输技术能够进一步发展，那么人类就完全有能力从地球向月球输送物资，并在月球上建立先期的或临时的月球基地，先期移民会以此为根据地，不断改造月球，并逐渐在月球上建立永久性基地，为后期大量移民做好准备。

未来是充满变数的，今天的人类无法预知未来的月球会在人类探索宇宙的过程中承担什么样的重任，也许曾经陌生的月球有一天会成为人类新的家园。

月球是地球形影不离的“伙伴”，很难想象如果有一天月球消失了，地球将会变成什么样。

探测月球留下的疑问

在人类发射无人探测器前往月球之前，人类仅凭借望远镜来观测月球，那时就有人曾亲眼见过月球出现的不明飞行物体。这个物体究竟是什么呢？多年来人们一直在探索。

月球迷雾

1871 年，英国的天文学家皮尔逊为人类留下了月球探测结果报告，这些资料今天仍然被保存在英国皇家天文学会里。报告中提到的许多观点，直至今日仍无法解答。比如皮尔逊在月球的高原火山口处观测到规则的几何图形移动体及不明光信号。

1968 年，美国国家航空航天局公布了月球上的异常细节，包括长达 4 个世纪的观测结果，这里有不少至今仍未解开的疑团，诸如移动的发光物体、能消失的火山口、以每小时6.4千米的速度加长的彩色深沟、某种时隐时现的“墙”、变换颜色的巨大圆项等等。

1963年，美国亚利桑那州的弗莱克斯塔夫天文台观察到在月球上有巨大的发光物体，长4.8千米、宽0.32千米。这种物体总共有31个，严格地按照几何图形移动。它们之间还有一些小的移动物体，其直径约500米。

20世纪60年代初，著名的天文学家卡尔·萨根宣布，他用专门的仪器观测到在月球表面之下有巨大的适于生物生存的洞穴。

桥形建筑物

1954年，美国《纽约先驱论坛报》公布了一个令人震惊的消息：在月面的危海发现了一座巨大的桥形建筑物，全长近17.8千米。这一发现得到了很多天文学家的关注。

“阿波罗”号的宇航员们发现，月球表面有许多地方都覆盖着一层玻璃状物质。这表明，月球表面似乎被炽热的火球烧灼过。

那真是一座“桥”吗？还是大自然表演的“魔术”呢？英国皇家天文学会威尔金斯博士在广播节目中发表了自己的看法：“那个桥形物似乎是建造而成的。”进而他又对听众的疑问作了回答：“说它是建筑物，也就是说，它是运用了某种技术建造而成的。”他补充说：“那座桥还在月面上留下了投影，看上去与一般的桥没什么两样。”在这次广播中，威尔金斯博士只字未提这座桥是“自然形成的东西”，反而多次强调它“似乎是人工建成的”。他对月面的情况了如指掌，但在过去，那里并不存在这座桥。因此，他推测这座桥很有可能是来自其他行星的“人”在近年内建造的。不仅如此，这种地外智慧生物还陆续建造了四角形或三角形的建筑物，甚至还建造了圆顶状建筑物，在这里出现又在那里消失。这难道不是来自其他行星的智慧生物的特意所为吗？

月球“金字塔”

1966 年 2 月 4 日，苏联“月球 9 号”探测器在月面的风暴洋着陆。它在风暴洋拍摄到的照片显示出一些极像塔形的物体，而且这些物体整齐地排成一列。苏联天文学家伊万·桑达森博士在分析过这些照片后说：“这些类似机场跑道标志塔的物体等距离排列着，似乎呈两条直线。这些塔状物与地球上的金字塔也许有着某些联系。从事宇宙旅行的其他星球的客人，可能是为了给后来者提供准确的目标方位才建造了这些塔状物。从某个意义上说，塔状物起着‘向导’的作用。”不过他说不清外星人在月球上建立金字塔的理由，建造一座金字塔是很不容易的，而在月球上建造金字塔又有什么意义呢？一位科学家推测，这些“金字塔”也许是引导宇宙飞船起飞和降落的“跑道”，或者它们是将外星人的飞船引向月面，更进一步讲则是引向月球内部的标志。

苏联科学家在月面上发现了“塔状物”，这

对美国国家航空航天局和白宫无疑是一次巨大的震撼。然而，就在1966年11月20日，美国“月球轨道环行器2号”在执行月球探测任务时，也发现了月面“塔状物”。根据该环行器的观测，美国人称之为“金字塔”的塔状物的发现地点就是之后人类在月面首次留下脚印的“静海”处。环行器拍摄的照片显示，那些金字塔有些像埃及的金字塔。科学家们分析这些照片后得出了结论，这些金字塔的高度约在40—75米。而苏联科学家对此高度的估计要大得多，比美国科学家估计的要高出2倍，即至少125米以上，相当于地球上一幢15层左右的大厦。地质学家法尔克·埃尔·巴斯博士则证实说，这些金字塔比地球上任何一个建筑物都要高出许多。

比月面金字塔本身更值得关注的是它们所处的位置。美国波音公司科学研究所的生物工程学博士威廉·布莱亚认为，这些金字塔完全是按照几何学的原理进行排列的。1967年2月26日，美国《洛杉矶时报》刊登了布莱亚博士运用几何学原理进行分析并显示这些金字塔的位置关系图。他是根据“月球轨道环行器2号”拍摄的照片模拟出这张图稿的。对图稿上金字塔的位置，布莱亚博士确信无疑。他写道：“这7座金字塔绝不是漫不经心之作。”《洛杉矶时报》刊出的这份图稿中，三个顶点和两条底边构成了6个等腰三角形。显然，这样的位置构成不可能是自然形成的。而更具说服力的根据是，这些金字塔的西边正好有一块长方形洼地。布莱亚博士进一步推测说：仔细观察这些金字塔的阴影部分后可知，那里构成了4个直角，很像是建筑物的地基。

月球洞穴

令人不可思议的是，在风暴洋的另一边的确有一个被认为是通向月球内部的洞穴，它很有可能是进入月球内部的入口。威尔金斯博士认为，在这个入口内部还应该有其他几个洞穴，以便与月球表面的其他几个洞口相连。他本人曾发现一个名为“卡西尼A”的环形山内部的大坑穴。这个环形山直径2.4千米，是一个较大的环形山，相当于两个足球场的面积之和。在《我们的月球》一书中，他这样写道：“在这个环形山内侧中间有一个直径约6米的洞穴，内壁像玻璃一样光滑。”

月球正在远离地球吗

月球离地球有 38 万千米之遥。科学家在研究地球上一种罕见的“玻璃体”时，没想到竟然在月球上找到了答案。而当科学家研究生活在太平洋中的鹦鹉螺时，却又发现月球正悄悄离地球而去。

玻璃体

1787 年以来，在中国、美国、菲律宾、象牙海岸和澳大利亚等地先后发现了一种细小的“玻璃体”，有淡绿色的，也有棕黄色的，一般像胡桃般大小，最小的像米粒，最大的像柚子。它们的形状也多种多样，有的呈球形，有的呈扁圆形，而且含水量比任何岩石都低。

这种自然玻璃体在地球上是十分罕见的，它们是从哪儿来的呢？许多年来，科学家们一直在寻找它的来源，但始终是个难解的谜团，无法找到答案。有人说，这些玻璃体是陨石从地球外面进入大气层时重新熔化后形成的，所以又叫它“玻璃陨石”；也有人说，大陨石撞击月面时产生的高温和高压引起爆炸，使岩石粉末和石块抛向四面八方，形成了辐射纹，其中一部分飞离月球，落到了地球上。

1969 年，“阿波罗 11 号”登上月球以后，人类的足迹开始在月球上出现。在月球上，人们发现这种玻璃体俯拾皆是。“阿波罗 11 号”取回的月尘样品中，玻璃体占了 1/2；“阿波罗 12 号”取回的月尘样品中，玻璃体有着不同的

月球是地球的同步自转卫星，它绕轴自转的周期与绕地球的公转周期是相同的。

形态，有球形、椭圆形、拉长状、不规则哑铃状，表面还有许多大小不等的空洞，这就足以证明地球上的玻璃体来自月球。

“活化石”鹦鹉螺

1978年10月，英国《自然》杂志报道，美国地理学家——普林斯顿大学的卡姆和科罗拉多州立大学的普姆庇对鹦鹉螺进行了研究，解剖了千百只鹦鹉螺后，两位科学家发现它们是一种奇妙的“时钟”，外壁上的生长纹默默地记载着月亮在地质年代中的变化历程。

这又是怎么回事呢？原来，这种生活在太平洋南部水域里的鹦鹉螺，被称为地球上的“活化石”。它是一种奇异的软体动物，身上背着一个大贝壳，外貌同蜗牛有点儿相似，外壳呈灰白色，腹部洁白，背部有棕黄色的横条纹。壳内由隔膜分隔成许多“小室”，最外的一个小室最大，是它居住的地方，叫“住室”。其他小室，体积较小，可储存空气，叫作“气室”。隔板中央有细管连通气室和肉体。鹦鹉螺依靠调节气室里空气的数量，使自己在海中沉浮，夜间来到洋面吸取氧气，白天就转移到海洋深处，改为厌氧呼吸。鹦鹉螺在吸取氧气的时候，要分泌出一种碳酸钙，并在它的贝壳出口处储存起来。白

鹦鹉螺的螺旋中暗含了斐波拉契数列，并且斐波拉契数列的两项间比值无限接近黄金分割数。

天，在厌氧呼吸过程中，碳酸钙会慢慢地溶解，并留下一条条小槽——生长纹。

有趣的是，鹦鹉螺的壳很大，由许多弧形隔板分成许多个小室，每个气室之间的生长纹约三十条，同现代的朔望月十分接近。生长纹每天长一圈，气室一个月长一隔。

分析的结果

两位美国学者还考察研究了新生代、中生代和古生代的鹦鹉螺化石，发现同一地质年代化石的生长纹相同，不同地质年代化石的生长纹就不同。新生代的螺壳上是 26 条；中生代白垩纪的螺壳上是 22 条；侏罗纪的螺壳上是 18 条；古生代石炭纪的螺壳上是 15 条；奥陶纪的螺壳上是 9 条。由此，人们可以设想，在 4 亿多年前，月球绕地球一周是 9 天，而随着时间的推移，月亮的公转周期逐渐变成 15 天、18 天、22 天、26 天，而现在则是 29 天多。

他们还做了进一步推算，得出的结果是：4 亿年前，月球和地球之间的距

离只等于现在的 43%左右，7 000 年来，月球以每年 94.5 厘米的速度在离地球远去。

月球是地球的天然伴侣，从它开始围绕地球旋转第一圈的时候起，就已经存在着离开地球的可能，只是因为它被地球强大的吸引力“挽留”住了，所以没能很快离开。

那么，今后会怎样呢？另一些科学家通过对日食的观察，根据 3 000 年间的天文记录计算，发现月球正在以每年 5.8 厘米的平均速度慢慢地离地球远去。

科学家得出的月球脱离地球的速度虽然不同，但一致的看法是，月球正在缓慢地离地球而去，长此下去，月球在千百万年、几亿年甚至几十亿年以后会飞离地球。到那时，人类也许不得不运用自己的智慧来挽留这颗美丽的星球。

第一艘成功执行在月球软着陆的太空飞船是“月球 9 号”，第一艘环绕月球的无人太空船是“月球 10 号”，它们两个都发射于 1966 年。

月球上的“建筑物”

月球是地球黑夜里的光明使者，那皎洁如玉的月亮，曾激发了人们无穷的想象，如嫦娥奔月、吴刚伐树、玉兔捣药的故事都广为流传。另外，近年来宇宙探测器对于月球秘密的意外发现，使科学家们产生了种种怀疑和推测。

人工改造的痕迹

1969 年 7 月—1972 年 12 月，在美国实施“阿波罗”登月计划的过程中，宇航员拍下了一些月面环形山的照片，单从这些照片来看，环形山上分明留有人工改造过的痕迹。例如，在戈克莱纽斯环形山的内部，可以看出有一个直角，角的每个边长为 25 千米；在地面及环壁上，还有明显的修整痕迹。更为奇特的是另一座环形山，它的边缘平滑，非常完整，环内有几何图形，有的仿佛是画出来的平分线，在圆的几何中心部位有墙壁及投影。该环形山外侧有一倾斜的坡面，状如完整的正方形，在正方形内有一个十字，能够把正方形等分成对称的几部分。

月球上的神秘发现

其实，有关月球的各种令人不解的现象，在近200年人类对月球的观测过程中，已被陆续发现。

1821年年底，约翰·赫谢尔爵士发现月球上有一些来历不明的光点。他说，这些光点同月球一起运动着，因此它绝不可能是什么星星。

月球上的"建筑"包括环形山。环形山通常指的是碗状凹坑结构的坑。在月球表面遍布这种环形山，这些环形山也被人们称为"月坑"。

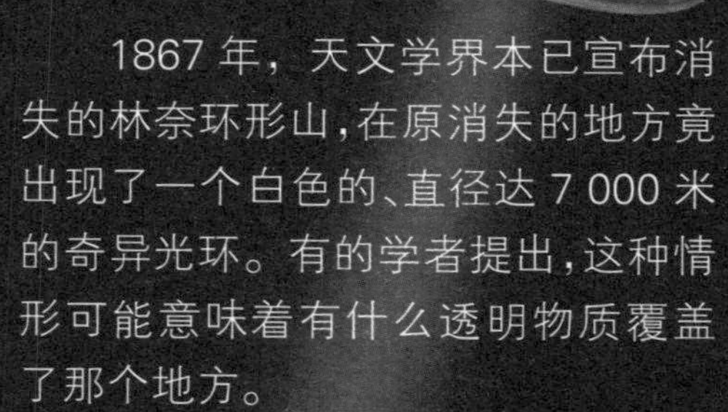

1867年，天文学界本已宣布消失的林奈环形山，在原消失的地方竟出现了一个白色的、直径达7 000米的奇异光环。有的学者提出，这种情形可能意味着有什么透明物质覆盖了那个地方。

1869年8月7日，美国伊利诺伊州的斯威夫特教授与欧洲的两位学者希纳斯和森特海叶尔观察到有一些物体穿越了月球，而且“它们仿佛是以平行直线的队形前进的”。

1874年4月24日，布拉格的斯切·里克教授观察到一个闪着白光的不明飞行物缓缓地穿过了月球，并从那里飞出。

1877年11月23日夜晚，英国的克莱因博士和美国的一批天文学家，观察到一些光点从其他环形山集中到柏拉图环形山中，这些光点穿越柏拉图环形山的外壁之后在山的内部聚齐，并且排列成一个巨大的、发光的三角形，看起来很像是某种信号的图案。

1910年11月26日发生日食时，法国和英国的科学家分别观测到有一个发光的物体从月球出发，月亮上有一个光斑。据观测者的描述，日食过程中月球上出现的物体类似现代的火箭。

1953年12月21日，英国皇家天文学会威尔金斯博士透露，在月面的危海地区观察到了大量的“圆屋顶”。这些半圆形的“建筑物”呈耀眼的白色，它们中最小的直径也有3 000米。

神秘星空

TIAOZHAN WEIZHI

每当夜幕降临，漆黑的夜空中有了星星的点缀顿时就会散发出神秘的气息，北斗七星的出现让迷路的人找到回家的方向；顽皮的流星拖着长长的尾巴穿梭在夜空中，看到它们的人都会不由自主地双手合十，默默许下美好的愿望。我们甚至可以说：每一颗星星身上都存在着一个不为人知的秘密。

星际放逐者

有一些天文学家相信，在遥远的宇宙边缘，存在着一些不为人知的与地球环境相似的行星，它们被称为“星际放逐者”。

被逐者

科学家们认为，这些行星在太阳系形成的初期被摒出太阳系，从而成为宇宙中的“游魂野鬼”。那里气候适宜而且具有足够的湿度，足以孕育生命。美国行星科学家史蒂文森表示，尽管这些地球的“孪生兄弟”没有像太阳那样的恒星为它们提供热力，但它们的表面很可能有厚厚的氢气层，氢气层中蕴藏着由行星天然放射作用所发出的热量，并使这些微热得以长期保存。

史蒂文森说，这些“被逐者”在太阳系形成过程中所汲取的热量，即使经过几百亿年也不会消失。

理论体系的推演

科学家们的这一新发现并不是简单的推想，而是一套完整的理论体系。早在数十年前，天文学家们就认为星际空间存在“被逐”的天体，这些天体是太阳系诞生时的“副产品”。

在太阳系形成时期，与地球质量大致相同的天体被认为有两种方向发展：一是撞出像木星那样的大行星；二是被更大的行

行星与太阳之间的引力使行星不能飞离太阳，物体与地球之间的引力使物体不能离开地球，这就是万有引力的作用之一。

星的万有引力拉入太空。

史蒂文森关注的是那些被大行星的万有引力拉入太空的天体，这些天体是在数百万年前被释放出太阳系的。因为在太阳系形成过程中的那一阶段，太空中很可能充满了氢。因此，被释放的行星就可能被氢气包围，从而使它们能保留大致与地表相同的温度，甚至还存在海洋。如果没有阳光，像地球这样的行星内部的放射活动就会使温度只上升到绝对零度之上一点点，但是厚厚的氢气层却能防止内热逃逸，从而使被“放逐”的行星保持温暖舒适。

孕育生命的世界

液态的水被认为是与地球生命类似的生物存在所应具备的条件，但不是绝对条件。史蒂文森说，那些“被逐”天体上面也可能有火山及闪电，从而使其表面温度可以支持生命，并维持生命长久存在。此外，在这些星球的大气层中，除氢以外还很可能含有甲烷和阿摩尼亚。这一切与 40 亿年前地球开始有生命存在时的环境十分相似。

不过，史蒂文森指出，由于这些星球获得的能量只相当于地球的 1/5 000，因此就算有生物存在，也是较为低等的状态。

史蒂文森是这样描绘它们的：“那里并不完全是冰冷黑暗的世界，频繁的火山爆发所喷出的红色岩浆使整个大地呈暗红色；而天空中则布满红云，你在这里可能看不到美丽的星空。”

史蒂文森的理论问世后，引起了极大的争议。那些遥远的孤星如果存在的话，也只能发出极少的放射热能或无线电波。以目前的技术而言，地球上的科学家根本无法观测到它们。

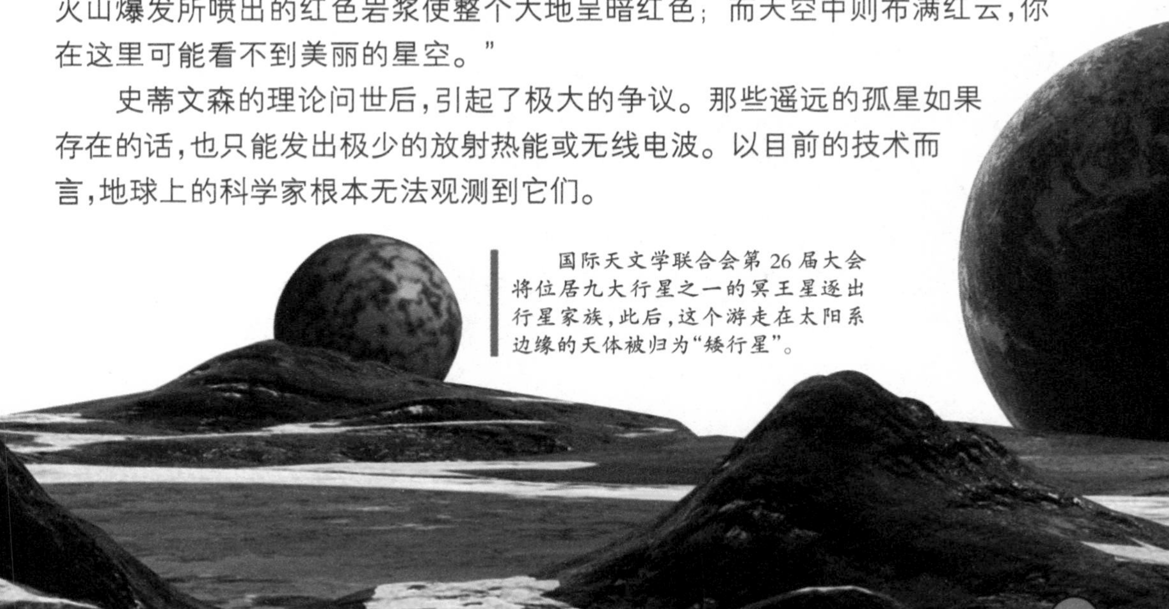

国际天文学联合会第 26 届大会将位居九大行星之一的冥王星逐出行星家族，此后，这个游走在太阳系边缘的天体被归为“矮行星”。

星星的分类

恒星的光度（天体每秒由其表面所辐射出的总能量），有时又称发光强度、发光能力或发光本领，计量的单位是瓦。

巨星

巨星的颜色主要以红色为主，光度强于矮星，但弱于超巨星。巨星是体积比矮星大，比超巨星小的恒星。它们在赫罗图上位于主序星和最上方的超巨星之间。由于主序星中心区的氢不断进行聚变反应，巨星的体积逐渐增大。表面积增大后，辐射能的增加赶不上表面积的增大，巨星表面的温度就会降低。

超新星

超新星是指一颗恒星在其生命最终阶段的一次大爆炸，爆炸过程中会释放出大量能量，以至于让人以为又出现了一颗“新”星。

超新星不同于新星，虽然新星爆炸会令一颗星的光度突然增加，但是发光程度比较小，而且发生的机制不一样。超新星爆炸使恒星的外层气体散开，令周围的空间充满了氢、氦及其他元素，这些尘埃和气体最终会组成星际云。爆炸所产生的冲击波也会压缩附近的星际云，引起太阳星云的产生。

新星

新星是能爆发的恒星。爆发时，光度能暂时上升到原来正常光度的数千乃至10万倍。

在爆发后的几个小时内，新星的光度就能达到最大，并在数天内（有时在数周内）一直保持明亮，随后又缓慢地恢复到原来的亮度。能变成新星的恒星在爆发前一般都很暗，肉眼看不到。然而，光度的突增有时会使它们在夜空中很容易被看到，这种天体就好像是新诞生的恒星。多数新星都存在于两颗子星彼此靠得很近并互相绕转的双星系中。

白矮星

白矮星是光度暗弱并处于演化末期的中低质量恒星。其特征是光度低，质量与太阳属同级，半径则与地球相当。白矮星的平均密度接近水的100万倍。白矮星辐射射入星际空间的能量缓慢地穿过不透明的恒星包层向外扩散，白矮星也缓慢地冷却下来。当这种能量枯竭时，白矮星就停止辐射并到达演化的终点。白矮星的标准结构是半径与质量成反比，质量越大，半径越小。白矮星有一个质量极限，超过这一极限将不存在稳定的白矮星。典型白矮星的核心区是由碳氧混

天文学家通常把星星发光的能力分为25个星等，发光能力最强的与发光能力最弱的星星亮度相差100亿倍。

星星具有预报天气的能力，如果繁星点点，月亮高挂，则说明第二天是好天气。

合物构成的。在核心的外围是一个氦层，在大多数情况下还有一个更薄的氢层。白矮星是从初始为3—4个太阳质量（可能还大）的恒星演化而来的。白矮星因已耗尽它们的核燃料而再也没有核能源了。它们密实的结构也抵住了进一步的引力坍缩。

脉冲星

在银河系中，有一种周期性发出电磁辐射脉冲的星体，被人们称为“脉冲星”，又叫“中子星”。

脉冲星是体积很小、密度很大的星体，它们小到直径仅有20千米。当这些星体旋转时，我们可以探测到它们所发射的、有规律的周期性电磁辐射脉冲。有些脉冲星旋转得非常快，最高可达每秒1 000转。自1967年发现第一颗脉冲星起，已有一千多颗脉冲星被发现并编入目录。据估计，在我们所属的星系——银河系中，可能有多达100万颗脉冲星。脉冲星是一种趋近衰亡边缘的恒星。

双星

相距很近的两颗星体称为双星，其中较亮的星称为主星，而较暗的一颗叫作伴星。

在所有的恒星中，双星或多星系统的比率超过51%。它有很多种类，如目视双星、天文测量双星、分光双星、交食双星等。一般而言，经常在夜空中看到两颗星紧紧地靠在一起，这样的系统我们称之为目视双星。一般的目视双星是指这两个星球相距甚远，但彼此受重力牵引而互绕，并遵守开普勒第三定律的星体。

通过光谱分析得出，如果双星系统彼此很靠近，或距离地球太远，也就是相对的视角大小无法从望远镜分辨出来。此时，通过对光谱的观测，我们可以通过观察这个双星系来了解这个双星系统的运动情形。双星系统的互绕，会对地球有不同的相对径速度，也就造成谱线上会有光谱红移或蓝移的现象交替出现，如此即可从光谱上量出双星相对于地球的径向运动情形。另外，径向速动曲线可推论双星周期、运动轨迹与双星质量。

有些双星系统，其中一颗星会在另一颗星前经过，产生周期性的光度变化，我们称这种双星为“交食双星”。交食双星是变星的一种。双星系统若是侧面向着地球，我们在地球上会看到这个双星系统的星球会互相遮住另一颗星的光的情形，有如日蚀的情形。

变星

变星是指亮度有起伏变化的恒星。引起恒星亮度变化的原因有几何原因（如交食、屏遮）和物理原因（如脉动、爆发），以及两者兼有（如交食加上两星间的质量交流）。

还有一些恒星在光学波段的物理条件和光学波段以外的电磁辐射上也有变化，这种恒星现在也称变星。

造父变星是最重要的一类变星。它是高光度周期性的脉动变星。造父变星光变周期越长，光度越大。发现一颗造父变星只要测出它的光变周期，利用周期关系得到平均绝对星等，再由观测到的视星等算出其离我们的距离，故造父变星有“量天尺”之称。

恒星系又称星系，是宇宙中庞大的星星聚集地。据统计，人们已经观测到了约 1 000 亿个星系。

恒星到底有多热

太阳是一颗中等大小的恒星，它的表面温度为 6 000℃。质量比它小的恒星，其表面温度就比它低，有些恒星的表面温度只有 2 500℃左右。

高温的恒星

质量比太阳大的恒星，其表面温度就比太阳高，可达 1万—2 万℃，甚至更高。在所有已知的恒星中，质量最大、温度最高、亮度最强的恒星，其稳定的表面温度至少可达 5 万℃。也许可以大胆地说，主序星的最高稳定表面温度可以达到 8 万℃。

那么，质量更大的恒星，其表面温度会不会比这还要高呢？恐怕是不可能的。因为一颗普通的恒星，如果具有这样大的质量以至于它的表面温度竟高达 8 万℃以上，那么，这颗恒星内部的极高温度就会使它发生爆炸。在爆炸时，也许在瞬间会发出比这高得多的温度，然而当它爆炸之后，剩下来的将是一颗更小更冷的恒星。

但是，恒星的表面并不是温度最高的部分。热会从它的表面向外传播到该恒星周围的一层很薄的大气层中(即它的"日冕")。这里的热量从总量上说虽然不大,但是,由于这里的原子数量相对较少,因此,每一个原子都能获得大量的热供应。又因为我们以每一个原子的热能作为测量温度的标准,所以日冕的温度可高达 100 万℃。

此外,要想使恒星的外层能够战胜巨大的向里拉的引力,就必须要使恒星的内部热度高于其表面温度。

恒星的温度最常用的是有效温度 Tθ,即与恒星具有同样总辐射流 F 和同样半径的绝对黑体的温度。

星际探索

行星通常指自身不发光，环绕着恒星运行的天体。

太阳系中是否存在第九颗行星？有天文学家曾宣称发现了第九颗行星，并指出了该行星的距离、轨道、质量、位置和亮度，但多家天文台据此寻找，均无法找到这“第九颗行星”，因而也不能确认它的存在。

“喀戎”小行星

大家都知道，太阳的引力作用范围是很大的，应该可以达到大约 4 500 个天文单位。而距离太阳最远的海王星只有 100 个天文单位。由此科学家们推测，在太阳系边缘，远在海王星之外的空间，应该存在第九颗，甚至第十颗行星。在 1977 年年底，美国著名天文学家柯瓦尔在天王星和土星之间发现一个环绕太阳运行的天体，后经天文学家半年多的不懈努力观测，认为它还不够大行星的资格，基本上认定它只是一颗小行星——这就是“喀戎”小行星。太阳系中是否存在如科学家们所说的“第九颗行星”呢？科学家们还在不断地研究探索当中。

新的星际探索

现在，我们完全可以不借助已知行星的偏移来寻找新的行星了。空间探测器的精密仪器已经伸进了遥远的行星际空间。20 世纪 70 年代美国先后成功地发射了“先驱者 10 号”和“先驱者 11 号”、“旅行者 1 号”和“旅行者 2 号”，它们都担负着考察太阳系外围空间的重大任务，一路上飞掠过木星、土

一般来说，行星的直径必须在 800 千米以上，质量必须在 5 亿亿吨以上。

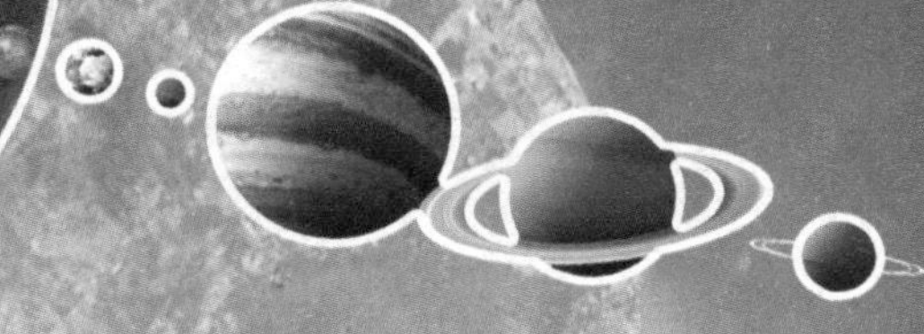

星、天王星、海王星后，会飞出太阳系，到广袤无垠的宇宙中去探索。但就目前发回的照片及资料中，还没找到证明有新行星存在的证据。

地面上的天文学家并没有气馁，他们一边等待航天飞船带回最新的成果，一边也毫不松懈地借助大型望远镜观测天空。

在一些行星的周围，存在着围绕行星运转的物质环，它们由大量小块物体构成，因反射太阳光而发亮，人们称其为行星环。

无水的水星

地球与月球相隔 38 万千米，地球与水星最靠近时的距离也只有 7 700 万千米，而水星跟月球大小差不多，那么水星上的景象与地球上相似吗？

神出鬼没的水星

当我们第一次听到水星这个名字的时候，可能会认为这个星球上充满了水。其实不是这样的，由于水星的表面没有大气的保护，太阳散发出的光和热就会全部照射在水星表面上，因此水星面向太阳的那一部分的表面温度高达 440℃，甚至是岩石中的铅和锡都会被高温熔化，水星表面所接受到的光和热量相当于地球接收到的 9 倍多。而在没有被太阳照射的水星背面，那部分地区的温度则有 –160℃。如此悬殊的温差变化也表明根本不可能有生物能够在水星上生活。更加令人吃惊的是，在 1992 年科学家对水星进行雷达观测时，发现了水星的北极有冰的存在。这些冰一般存在于太阳光无法照射到的环形山底部，是由于彗星的撞击或水星内部的气体释放出星球表面而渐渐积累下来的。因为没有大气层，水星无法进行大气调节，这些地方的温度也一直维持在 –280℃左右。水星不但是轨道运行速度最快的行星，同时也是八大行星中公转周期最短的行星。

另外，由于水星的昼夜交替周期长达 30 天，因此在

水星表面受到无数次的陨石撞击，到处坑坑洼洼。当水星受到巨大的撞击后，就会有盆地形成，周围则由山脉围绕。

同一个地区，会在一个月的时间中处于炎热的白天，而另一个月则处于寒冷的黑夜。

水星是离太阳最近的一颗行星。它与太阳的平均距离只有 5 791 万千米，这个距离是地球到太阳距离的 40%。太阳光大概要用 8 分钟才能到达地球，而只用 3 分钟多一点儿的时间就可以到达水星表面了。

水星如此接近太阳，经常被强烈刺眼的太阳光所照射，因此很少有望远镜能够对水星进行仔细的观察。这使我们很难清楚地观测到这颗最靠近太阳的内行星，甚至连专业的天文学家也经常看不到水星。

众所周知，水星的轨道“藏”在地球轨道的内侧，它每 88 天围绕太阳运行一周。在地球上观测水星，发现水星总是在离太阳不远的地方来回转悠，太阳和水星像是亲密的母子，又好比是两个形影不离的伙伴，总之，它们真是永不分离的一对儿！水星在天空中的角距离总是非常小，最大时也绝不会超过 28°，这就是说，在便利的情况下从地球上观看水星，水星只能在东方天空比太阳早升起一个半钟头，或在西方比太阳迟落下一个半钟头。而此时，太阳的光辉装扮着天空，水星却被淹没在无尽的天光里，也就是说它被严严实实地包裹住了。

水星是八大行星中最小的一颗，同时也是八大行星中轨道偏心率最大的一颗。它每 87.968 个地球日绕行太阳一周。

水星的大小在太阳系行星里排在倒数第二位，直径只有 4 880 千米，甚至连大行星的某些卫星都比不上。比如木卫三（直径 5 262 千米）、土卫六（直径 5 150 千米）都要比水星大得多。水星与地球的卫星——月球（直径 3 476 千米）大小差不多。但是比起月球到地球的距离却远多了，月球到地球距离是 38 万千米，水星与地球最靠近时，距离也有 7 700 万千米。

寻找水星

水星非常小，又总是贴近太阳，所以我们要见到水星真是需要大费一番周折。只有当水星与太阳的角距离达到最大，太阳在地平线以下，天色昏暗，而水星恰好在地平线以上的时候，我们才有机会“一睹芳容”。然而这样的机会也是千载难逢的，当水星非常艰难地恰好从地球和太阳之间通过时，我们有可能在太阳圆面上见到这个小小的行星。真是“千呼万唤始出来”，人们给这种现象取了个好听的名字：水星凌日。这种情形，每一个世纪大约出现 13 次。

水星的行踪诡异，从地球上对它进行观测自然难以全面了解。即使用高倍数的天文望远镜观测水星时，也只能分辨出水星上 750 千米大的区域，更不要说看清水星表面的细节。曾经有人认为水星的自转周期与公转周期一

水星的表面表现出巨大的急斜面，有些达到几百千米长，3 千米高。有些横处于环形山的外环处，而另一些急斜面的面貌表明它们是受压缩而形成的。

样，但是，直到 20 世纪 60 年代，天文学家用射电望远镜对水星进行了雷达探测，观测结果清楚表明：水星的自转周期是 59 天，是公转周期 88 天的 2/3。换句话说，水星绕太阳转两周的同时也在绕自己的轴线转三周，这是多么和谐而统一的运动啊！

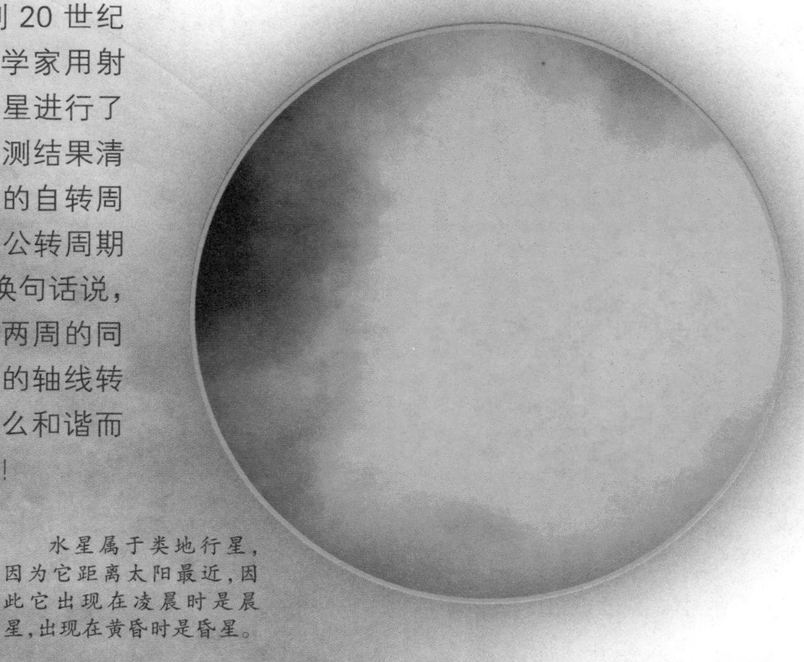

水星属于类地行星，因为它距离太阳最近，因此它出现在凌晨时是晨星，出现在黄昏时是昏星。

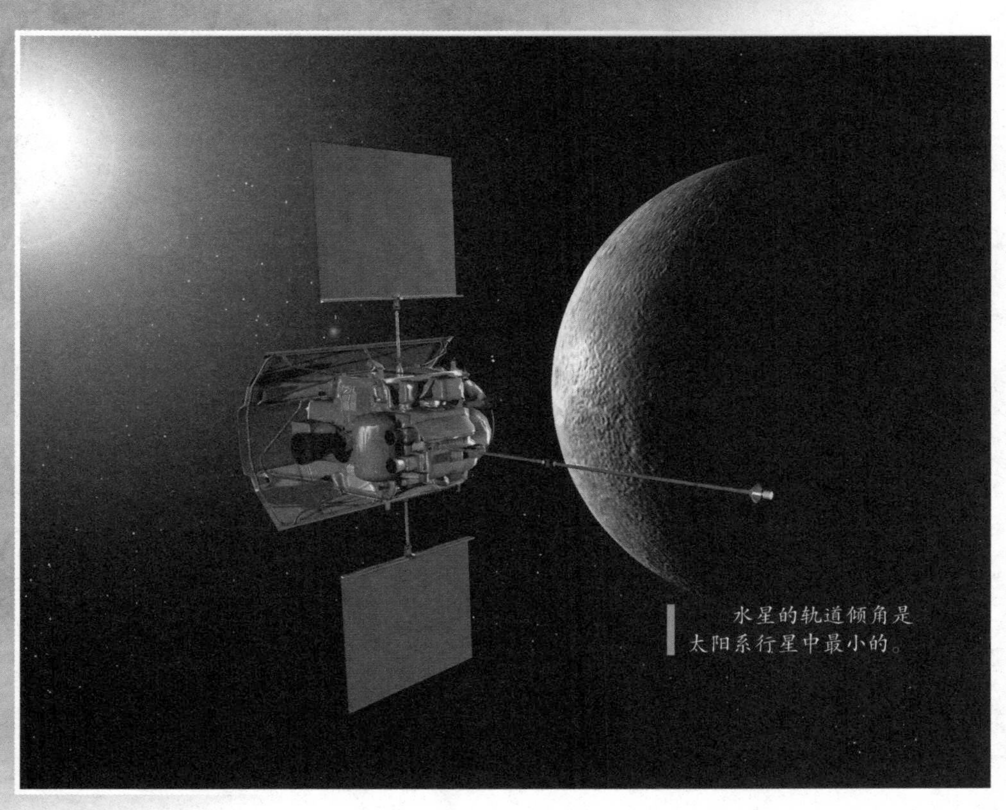

水星的轨道倾角是太阳系行星中最小的。

揭开金星 神秘的面纱

人类对金星的不懈探索，特别是宇航时代开始后对金星的探测，正在逐渐揭开金星的面纱。

明亮的金星

从地球上远望，金星发出银白色亮光，璀璨夺目，金星的亮度仅次于太阳和月亮。金星如此明亮的原因有两点。一方面，因为它被厚厚的云雾包裹，这层云雾反射日光的本领很强，而且对红光反射能力又强于蓝光，所以，金星的银白光色中，多少带点儿金黄色；另一方面，金星距离太阳很近，除水星以外，金星是距离太阳第二近的行星，两者相距仅 10 800 万千米，太阳照射到金星的光比照射到地球的光多 1 倍，所以，这颗行星显得特别耀眼明亮。

金星周围有浓密的大气层和云层。只有借助射电望远镜才能穿过这层大气看到金星表面的本来面目。

自然环境

金星的天空是橙黄色的，高空有巨大的圆顶状的云，它们距离金星地面48千米以上，浓云悬挂在空中反射着太阳光。这些橙黄色的云是具有强烈腐蚀作用的浓硫酸雾，厚度有20—30千米。因此，如果金星上也下雨的话，下的便是硫酸雨，恐怕也没有几种动植物能经得住它的洗礼。

金星的大气又厚又重，这里的大气不仅有可怕的硫酸，还有惊人的压力。地球只有1个大气压左右，但是在金星的表面却有90个标准大气压，是地球大气的90倍，相当于地球海洋深处1 000米的水压。人的身体无论如何也承受不起这么大的压力，肯定在一瞬间就被压扁了。

金星大气的主要成分是二氧化碳，大约占气体总量的95%，而氧气仅占0.4%，这与地球上大气的结构刚好相反。金星的二氧化碳比地球上的二氧化碳多出10 000倍，因此人在金星上会因为喘不过气来而被闷死。另外，这里常常电闪雷鸣，几乎每时每刻都有雷电发生，让你掩耳抱头，避之不及。

地球上，40℃的高温已经让人受不了，但金星表面的温度竟然高达460℃，

足以把动植物烤焦，而且在黑夜也不会降温，夜间的岩石也像通了电的电炉丝一样发出暗红色的光。金星怎么会有这么恐怖的高温呢？原来这是二氧化碳的"功劳"，白天，在强烈阳光的照射下，金星的地表很热，二氧化碳可以引起温室效应，大气吸收的太阳能一旦变成了热能，便跑不出金星大气，而被大气挡了回来。二氧化碳活像厚厚的"被子"，把金星捂得严严实实，酷热异常。再加上金星的一个白天相当于地球上的 58 天半，吸收的热量更是越聚越多，热量只进不出，从而达到了 460℃的高温，比最靠近太阳的水星上白昼的温度还要高，看来，金星的确是一个"大火炉"。

金星上如此恶劣的自然环境，是人们不曾想到过的。这位地球从前的"孪生姐妹"的面纱一旦被揭开，人们对金星上存在生命的幻想便会即刻破灭了。

金星上有水吗

金星上有少量的水，仅为地球上水的十万分之一。那么，这些水分布在哪里呢？"金星 13 号"和"金星 14 号"探测结果表明，在硫酸雾的低层，水汽含量比较大，为 0.02%，而在金星表面大气里却只有 0.02‰。

在金星表面找不到一滴水，整个金星表面就是一个特大的沙漠，每日的大风令金星表面的尘沙铺天盖地，到处风沙弥漫。

金星地表与地球有几分相似。因为有大气保护，金星上的环形山没有水星、月球那么多。地球相对比较平坦，但是有高山。在金星上，山的高度的最大落差与地球相似，还有高大的火山，延伸范围达 30 万平方千米。金星表面大部分看起来像地球陆地。不过，地球陆地只占表面积的 3/10，其余 7/10 为浩瀚的海洋。而金星陆地占其表面积的 5/6，剩下的 1/6 是小块无水的低地，至今在金星表面还没有发现水。

太阳西升东落

有趣的是，金星的自转方式是行星中最独特的，它的自转与公转方向相反，是逆向自转。换句话说，从金星上看太阳，太阳是自西方升起，从东方落下。

那么我们是怎样知道金星是逆向自转的呢？这是科学家用雷达探测金星表面时根据反射器反射回来的雷达波发现的，同时人们还得知金星自转非常缓慢，每 243 天自转一周，如果我们在金星上观看星星，每过 243 天才能在天空看到同样的恒星图景。如果我们以太阳为基准测量金星自转周期，仅仅是 116.8 个地球日。因为，在这段时间，金星沿公转轨道前进了很大一段距离，在这 243 天中，可以看到两次日出和日落。所以，一个金星日是 116.8 个地球日，金星上的一天等于地球上的 116 天还多。

金星上没有小的环形山，小行星在进入金星的稠密大气层时就几乎被烧光了。

火星上是否有生命

1965 年 7 月，美国国家航空航天局首次成功发射“水手 4 号”太空探测器，近距离地飞过了火星，并且向地球发回了 22 帧黑白图像。这些图像显示，这颗神秘的星球上处处是令人触目惊心的深坑，并且和月球一样，是个完全死寂的世界。

火星上存在生命吗

有些科学家认为，在伤痕累累的火星地表之下，有可能生存着最低级的、类似细菌或病毒的微生物有机体。另一些科学家认为虽然现在的火星上根本不存在生命，但并不排除火星上曾经出现过“生物繁盛”时代的可能性。

这些争论的范围不断扩展，其中的一个关键因素就是，在到达地球的火星碎片或岩石当中，是否找到了一些可能存在过的微生物化石和生命现象的化学证据。这个证据，必须连同对生命过程进行的那些肯定性实验结果一同被认定下来，“海盗号”登陆车就曾进行过此类实验。

对生命存在的探测

“海盗号”上的质谱分光仪并没有探测到火星上有任何有机分子，这个事实受到格外的重视。不过，科学家后来证明，这个探测器上的质谱分光仪的工作电压严重不足，在一个标本里，它的最小灵敏度是 1 000 万个生物细胞，而其他正常仪器的灵敏度却可以下降到 50 个生物细胞。

火星上冷得可怕，平均温度为 -23℃，有些地区则一直下降到 -137℃。火星上能供生命生存的气体极为匮乏，例如氮气和氧气。此外，火星上的气压也很低，一个人若是站在“火星基准高度”上（所谓“火星基准高度”

火星在西方被称为战神，这或许是由于它鲜红的颜色而得来的，所以火星有的时候被称为“红色行星”。

是科学家一致确定的一个高度，相当于地球上的海平面)，他感受到的大气压力相当于地球上海拔 3 000 米以上高度的压力。在这种低气压和低温之下，火星上即使有水存在，也绝不可能是液态的。

科学家们认为，没有液态水，任何地方都不可能萌发生命。假如这是正确的，那么凭借火星过去和现在存在着生命的证据，就可以证明火星上曾经有过大量的液态水。虽然火星上的液态水消失了，但是，这并不意味着任何生命都不能在火星上存活。恰恰相反，最近一些科学家发现并经过实验证明，生命能够在任何环境下繁衍，至少在地球上是如此。

1996 年，一些英国科学家在太平洋海底 4 000 多米的地方进行钻探，发现了一个欣欣向荣的微生物地下世界。这些细菌表明：生命能在极端的环境里存活，那里的压力是海平面压力的 400 倍，而且温度竟高达 170℃。

不难想象，在火星上有可能存活着同一类的生物，它们很可能被封闭在 10 米厚的永久冻土层当中。

也许，在人类踏上火星之前，关于火星上是否有生命的问题也不会有一个明确的答案，这还需要人们长期的研究与探索才能揭开它的秘密。

行星之王——木星

我们通过望远镜或照片看到的木星是呈扁平状的，其中最引人注目的便是木星顶部云层的那些云雾状的醒目条纹。明暗相间的条带，大体规则又有所变化，而且都与赤道平行。

木星古称“岁星”，按照距离太阳由远及近的次序，在八大行星中排名第五。

彩带飘飘

这些条带都是木星的云层，而且是木星顶部云层。木星被浓密的大气包围得严严实实，这层大气大约有一千多千米厚。

木星快速自转，云就被拉成长条形。浅色的条带是木星大气的高气压带，温暖的气流在带里上升，呈现出白色或浅黄色。深暗色的条带则是低气压带，气流在这里下降，呈现出红色和橙色。大气之所以不易跑掉，就是因为木星有巨大的吸引力，能够束缚住漂浮不定的气体。

木星大红斑

木星除了具有色彩缤纷的条带之外，还有一块醒目的标记，从地球上看去是一个红点，仿佛木星上长着一只“眼睛”。它的形状有点像鸡蛋，颜色鲜艳夺目，红中略带棕色，有时又呈现出鲜红的颜色，因此人们叫它“大红斑”。

大红斑十分巨大，它的南北宽度保持在 1.4 万千米左右，东西方向上的长度在不同时期也有所变化，最长时可达 4 万千米。一般情况下，大红斑长度在 2 000—3 000 千米，在木星上的相对大小，就好像澳大利亚在地球上那样。

1951 年前后，大红斑曾出现淡淡的玫瑰红色，且大部分颜色比较暗淡。近年来，科学家们发现，那是一团激烈上升的气流，即大气旋不停地沿逆时针方向旋转，像一团巨大的高气压风暴，每 12 天旋转一周。从人类认识它以来，它已狂暴地旋转了 3 个多世纪，可以说是一场“世纪风暴”。

木星的质量是其他七大行星质量总和的 2.5 倍多，是地球质量的 317.89 倍，而体积则是地球的 1 321 倍。

木星表面的大红斑位于赤道南部。它的面积大约为 45 325 万平方千米，相当于 3 个地球的面积之和。

土星不“土”

在所有的行星中，土星的名字是最为土气的，但实际上，这颗名字为“土”的行星却是最为美丽的，它拥有让人们着迷的璀璨的“项圈”，这美丽而神秘的“项圈”又给人们带来了众多的猜测和遐想。

美丽的土星光环

在美丽的行星世界里，木星和天王星都有光环环绕，这些光环仿佛是它们的明亮项圈。但还有一颗行星的“项圈”更为璀璨耀眼、壮观亮丽，那就是土星。

在望远镜里，我们可以看到三圈薄而扁平的光环围绕着土星。说到土星光环的发现，不得不提到伽利略。他从自制望远镜中看到在土星两边的侧面好像有小行星忽闪不定，变幻莫测。但直到他去世，也没弄明白这到底是怎么回事。他万万没想到自己正是第一个“发现”土星光环的人。

半个多世纪以后，荷兰天文学家惠更斯用更大更好的望远镜看到了土星光环。惠更斯认为，土星的光环形状是不断变化的，当我们恰好从它的侧面看过去时，薄薄的光环仿佛隐没不见了。

后来，科学家又发现土星光环分为好几层。卡西尼是 17 世纪末、18 世纪初意大利著名的天文学家。1675 年，他发现在土星光环的光辉中有一圈空隙，在质量稍好一点儿的土星照片上，这个缝隙是很清晰的。他所发现的这个缝隙，后来被命名为“卡西尼环缝”。这个环缝把光环分成外环（A 环）和内环（B 环）。

1850 年，人们注意到 B 环内侧还有暗环（C 环），在非常清晰的照片上看到的 C 环只是稍微暗一点儿。

A 环、B 环、C 环构成了光环的主体，分别叫外环、中环、内环。

1966 年，人们又发现了 C 环内侧更暗的 D 环。

1969 年，科学家又发现了 A 环外侧还有一层 E 环。

D 环几乎向内触及土星表面，E 环延伸到 5 — 6 个土星半径以外。

1979 年，“先驱者 11 号”发现 A 环外还有新环——F 环。

1980 年，“先驱者 11 号”又发现了 G 环，地点在远离土星中心 10—15 个土星半径的广阔空间。

土星光环的环数不断增加，越来越多……

“旅行者 1 号”和“旅行者 2 号”在远征太阳系的旅途中飞越土星，发现了土星光环鲜为人知的内在秘密。

土星光环是环环相套的，有成千上万个，数目繁多，看上去就像一张硕大无比的密纹唱片上一圈圈的螺旋纹路。

土星光环结构复杂，千姿百态，让人眼花缭乱。“卡西尼环缝”不是中空的，在环缝中密密地排列着20多条细环，每个环又包括若干细环。A、B、C环是由几百乃至上千条细环所构成的，F环至少由3条细环所构成，其中两条像女孩的发辫一样相互扭结着。土星大部分的光环是光滑匀称的，但有的环是锯齿形状的，还有的环如辐射状等。

所有的光环都由大小不等的碎块颗粒组成，大小相差悬殊，大的可达几十米，小的不过几厘米或者更微小。由于它们的外面都包有一层冰壳，因此在太阳光的照射下，就形成了动人的明亮光环。

又宽又薄，是土星光环的另一个明显特征。

土星光环延伸到土星以外辽阔的空间，最外环距土星中心有10—15个土星半径之和的距离，土星光环宽达20万千米，可以在光环面上并列排十多个地球。

另外，土星光环又很薄。透过土星光环，我们还可见到光环后面闪烁的星星，土星光环最厚估计不超过150千米。所以，当光环的侧面转向我们时，远在地球上的人们望过去，150千米厚的土星光环就像薄纸一张，随即光环便“消失”了。每隔15年，光环就要消失一次。

奇异的土星光环位于土星赤道平面内，与地球公转情况一样，土星赤道与它绕太阳运转轨道平面之间有个26.73°的夹角，这个倾角造成了土星光环模样的变化。我们会一段时间“仰视”土星光环，一段时间又“俯视”土星光环，这些时候的土星光环像顶漂亮的亮边草帽。另外一些时候，它又像一个平平的圆盘，有时还会突然隐身不见。

美丽而神秘的土星光环给人们带来了太多的猜测与遐想。组成光环的这些物质，是来自土星诞生的遗物，还是来自土星的卫星与小天体相撞后的碎片？土星光环为什么有那么奇异的结构呢？这些都是有待科学家们研究和探讨的难题。

卫星大家族

较确定的土星的卫星共有23颗，是太阳系中当之无愧的卫星大家族。

在众多围绕土星的卫星中，最外面的一颗是土卫九。土卫九到土星的平均距离是1 295万千米，相当于月球到地球距离的35倍，绕土星运行一周需要费时 550 天。土卫九不仅最远，它还沿着“错误方向”运行，因为土卫九是逆行的，所以在众多卫星兄弟整齐统一的前进方向中显得特别“别扭”。太阳系绝大多数卫星围绕中心行星运行的方向，都与这些行星的自转方向相同，行星也以这个方向绕太阳运行。然而土卫九却是少数几颗反其道而行的卫星之一，看上去就像是它围绕土星向后面退行。

距土星最近的是土卫十五，它与土星距离约 13.8 万千米，只有月球到地球距离的 1/3，仅为卫星到土星中心的 2.3 个土星半径；公转周期也短，只有 0.601 天，换句话说，绕巨大的土星转一圈，半天多一点儿就足够了。

有趣的是 23 颗形形色色的卫星，并不是都有资格拥有专用轨道的。土卫四和土卫十二，土卫十和土卫十一都分别同处一个轨道，而土卫三、土卫十三和土卫十六则三星共轨。土星卫星和光环也很有“缘”，土卫十三和土卫十四就分居 F 环的里侧和外侧，把光环夹在中间，它们像牧羊人保护羊群一样，由此得到一个动听的名字——“牧羊人卫星”。

土卫八是一颗顺行卫星。一些科学家认为，大约在一亿年前，土卫八受到彗星撞击，导致水分消散，但在以后的 100 万年里，暗物质又重新聚集到前半球上……

至于土卫八的真面目是什么，还有待于天文学家们的继续探索。我们也期待在不远的将来有更多的宇宙飞船探测土星，去解开庞大土星世界的谜团。

土星有一个显著的环系统，主要的成分是冰的微粒和较少数的岩石残骸和尘土。

神秘的冥王星

冥王星是距离太阳最远的一颗行星，在它的身上存有太多的秘密，冥王星为什么会在“九大行星”的行列中被降级呢？

2015年7月14日，经过9年多的漫长旅程，“新视野号”探测器飞掠冥王星，成为人类首个造访冥王星的探测器。

太阳系中最神秘的星体还要数冥王星，冥王星曾经一度被列为太阳系“九大行星”之一，但是在2006年8月24日，该行星经布拉格会议讨论，从九大行星行列中排除，正式降格为矮行星。所以，现在太阳系为八大行星。

既小又远的冥王星

冥王星是太阳系中的一颗矮行星，直径约为2 284千米，质量仅为地球的2‰，因此，它在太阳系中显得极小。冥王星距离太阳十分遥远，太阳光要经过5个半小时才能到达那里，所以冥王星上非常寒冷，温度低到-240℃。它的境况和罗马神话中描写的住在阴森森的地下宫殿里的冥王普鲁托十分相似。所以，人们又把它称作普鲁托（Pluto）。

最神秘的行星

冥王星之所以被称为“最神秘的行星”是因为它独特的运行方式。冥王星轨道的偏心率、轨道面对黄道面的倾角都比其他行星大。冥王星在近日点附近时比海王星与太阳的距离还要短，这时海王星成了离太阳最远的行星。每隔一段时间，冥王星和海王星会彼此接近，在黄道投影图上两颗行星的轨道交叉，可是它们并不会碰撞。实际上，它们的轨道平面并不重合，即使在交叉点附近，它们之间的距离仍然是很大的。所以，冥王星与海王星会像运行于立体交叉公路上的车辆一样，互不干涉。

冥王星的直径、质量都是行星中最小的，密度为每立方厘米 1.8—2.1 克，反照率为 50%—60%，它的这些特点同太阳系外部行星的几颗大卫星很相似。到底冥王星是行星还是卫星呢？这是我们暂时还没有解开的谜团。相信随着科学技术的发展，冥王星的神秘面纱会被我们一层层 地揭开。

冥王星有 5 个已知的天然卫星，天文学家认为冥王星的卫星是在太阳系早期冥王星与较小天体碰撞产生的碎片聚集而成的。